MATH MAZE PUZZLE™

The Math Alternative to Crossword Puzzles

By

RALPH J. COLAO

ISBN: 1-4033-1366-0 (e-book)
ISBN: 1-4033-1367-9 (Paperback)

This book is printed on acid free paper.

1stBooks - rev. 07/30/02

To my Wife Pam

INTRODUCTION

Since the invention of calculators, learning and mastering basic arithmetic operations have become very difficult. Thus, it is important to work with numbers in a constant drill to refresh the mathematical calculations. ***Math Maze Puzzle*** combines --*the repetition*--, a very important concept in math, with a challenge that makes math fun, rewarding, and entertaining.

This book is a compilation of puzzles that introduce new, yet simple approaches to the learning and/or mastering of arithmetic and basic algebra.

The ***Math Maze Puzzle*** includes several unique characteristics

Each puzzle:

- Offers a simple technique to master arithmetic and basic algebra.
- Combines the important concept of repetition with a tool that makes math fun, rewarding and at the same time provide great entertainment.
- Synthesizes the best technique of memorization and practice drills.
- Subliminally trains the memory to associate numbers in terms of their arithmetic or basic algebraic operation.
- Makes working with numbers an intuitive process.
- Incorporates the “trial and error” method.
- Offers challenge, relaxation, and entertainment.
- Accomplishes for math what crossword puzzles do for English.

Created by **Ralph J Colao**

INSTRUCTIONS

THE PUZZLE CONSISTS OF A GRIDDED SQUARE AREA COMPLETELY FILLED WITH NUMBERS. IN THIS AREA THERE EXISTS A UNIQUE PATH THAT CONNECTS TWO SHADED SQUARES.

STARTING FROM THE NUMBER IN ONE OF THE SHADED SQUARES, THE CHALLENGE IS TO FIND THE PATH BY USING, ADDITIONS, SUBTRACTIONS, MULTIPLICATIONS OR DIVISIONS IN ORDER TO TAKE YOU FROM ONE SHADED SQUARE TO THE OTHER.

THE CALCULATIONS MAY BE HORIZONTAL OR VERTICAL, BUT ARE NOT DIAGONAL.

SHADED SQUARES MAY BE SITUATED ANYWHERE ON THE MAZE.

MORE THAN TWO SHADED SQUARES MAY BE SCATTERED THROUGHOUT THE MAZE. THE OBJECT, AGAIN, WILL BE TO FIND THE ONE PATH THAT CONNECTS ONLY TWO OF THE SHADED SQUARES.

FALSE PATHS EXIST THAT LEAD TO DEAD ENDS.

MATH MAZE PUZZLE™

SAMPLE PUZZLE

5	3	8	6	9	4	2
3	1	6	7	5	8	9
6	3	9	3	4	3	6
2	6	5	3	2	5	8
7	2	6	9	4	8	1
2	8	4	2	3	4	6
4	3	6	3	4	7	8

PUZZLE

					4	2
					8	
	3	9	3		3	
	6		3	2	5	
	2					
2	8					
4						

SOLUTION

OPERATIONS

4 X 2 = 8 8 – 2 = 6 6 + 3 = 9 9 / 3 = 3
3 + 2 = 5 5 + 3 = 8 8 / 4 = 2

OR

2 X 4 = 8 8 – 3 = 5 5 – 2 = 3 3 X 3 = 9
9 – 3 = 6 6 + 2 = 8 8 / 2 = 4

CLASSES OF PUZZLES

THE MATH MAZE PUZZLES ARE FUN, EDUCATIONAL AND DESIGNED WITH VARYING DEGREES OF DIFFICULTY: FROM SIMPLE TO CHALLENGING, FROM ALGEBRA TO VERY INTRICATE.

WITH THIS BOOK EVERYONE CAN ENJOY THE MATHEMATICAL WONDERS OF THESE PUZZLES, WHICH ARE DIVIDED IN THE FOLLOWING CLASSES.

"J", "A", "AA", AND "PUZZLE"

IN THE "J" PUZZLES, NUMBERS LESS THAN 25 ARE INTRODUCED GRADUALLY IN A SERIES OF INCREASING GRIDS.

THE "A" PUZZLES ARE MORE CHALLENGING THAN THE "J" CLASS AS THEY INCORPORATE HIGHER NUMBERS (UP TO 99) AND LARGER GRIDS.

THE "AA" PUZZLES INTRODUCE NEGATIVE NUMBERS AND ARE PARTICULARLY HELPFUL IN MASTERING THE BASIC ALGEBRA OPERATIONS.

THE "PUZZLE" INCLUDES AN INCREASED DENSITY OF VERTICAL AND HORIZONTAL CALCULATIONS. THIS RENDERS THE PATH MUCH MORE INTENSE AND MAKES THE SEARCH FOR THE PATH VERY CHALLENGING.

THE SOLUTIONS OF BOTH THE "AA" AND "PUZZLE" INCLUDE THE ACTUAL STEP-BY-STEP OPERATIONS PERFORMED IN ORDER TO FIND THE PATH THAT CONNECTS THE TWO SHADED SQUARES.

TABLE OF CONTENTS

INTRODUCTION v
INSTRUCTIONS vii
SAMPLE PUZZLE ix
CLASSES OF PUZZLES xi
"J" PUZZLES 1
"A" PUZZLES 49
"AA" PUZZLES 93
"PUZZLE" 100

SOLUTIONS

"J" PUZZLES 107
"A" PUZZLES 119
"AA" PUZZLES 134
"PUZZLES" 141

9/12/13

MATH MAZE PUZZLE™

J11001

5	13	14	10	12	13	7	9	7	14	7	11	8
7	10	7	7	10	13	5	5	10	12	5	9	10
11	9	12	4	5	8	8	9	10	7	2	13	13
5	8	3	13	12	5	12	10	13	5	7	5	7
6	13	11	3	7	13	11	3	9	7	3	2	13
2	5	9	12	5	4	3	5	4	8	6	2	9
4	2	4	8	7	11	4	2	2	11	5	8	3
8	7	14	6	13	10	2	12	2	7	5	8	2
12	5	9	3	3	14	2	9	4	2	6	9	8
4	7	3	14	4	13	12	3	5	8	3	8	2
8	4	12	5	12	2	14	14	12	2	3	12	12
10	9	3	6	9	4	3	12	10	13	4	4	7
8	4	10	11	2	14	**2**	7	14	2	12	8	13

Solution on page 107

MATH MAZE PUZZLE™

J11002

6	11	2	8	7	13	2	11	14	4	11	10	6
4	13	4	3	2	8	6	12	13	11	2	11	8
12	13	9	9	7	12	2	9	13	10	9	2	5
14	10	10	8	2	13	3	8	8	4	3	7	3
7	3	13	7	11	8	10	7	12	4	3	2	6
6	10	7	11	13	5	7	7	2	8	5	8	11
10	11	7	11	2	3	12	5	6	12	8	2	3
3	11	2	13	11	11	12	6	3	6	6	7	4
3	12	4	7	11	5	6	3	2	4	14	10	12
4	12	2	13	10	14	6	7	4	9	2	8	6
9	9	8	2	6	2	11	9	2	5	7	6	2
4	12	11	5	2	11	9	12	4	2	7	3	2
13	4	9	3	3	5	2	2	4	2	8	4	4

Solution on page 107

MATH MAZE PUZZLETM

J11003

9	3	2	7	13	9	4	14	12	13	3	2	10
3	14	12	8	8	14	5	4	2	9	4	4	9
6	2	3	12	4	13	2	7	9	6	10	3	7
8	3	6	3	13	2	12	11	10	8	12	2	5
14	13	5	2	3	10	12	6	2	13	12	3	10
2	12	8	11	2	2	4	14	4	9	3	8	5
9	4	13	6	5	2	3	12	6	3	2	13	4
2	4	10	10	13	5	8	6	6	9	6	7	2
11	3	8	4	13	12	10	4	5	9	8	3	8
8	4	6	9	8	7	10	6	11	7	5	7	4
5	5	2	5	10	5	2	4	7	7	3	9	2
4	9	10	8	3	9	4	6	12	4	7	2	7
14	6	8	2	10	2	8	13	9	4	10	4	14

Solution on page 107

MATH MAZE PUZZLE™

J11004

3	4	10	6	7	12	10	11	10	13	11	2	10
13	6	10	7	13	6	7	2	13	12	14	12	4
14	7	8	2	2	8	6	7	9	5	14	10	14
2	13	3	10	5	12	7	12	5	13	7	6	4
3	2	6	2	12	9	3	11	14	6	2	2	10
8	11	13	7	11	14	13	7	9	11	12	3	2
11	2	12	2	6	6	12	6	2	10	14	9	5
5	4	6	10	3	5	2	8	7	8	5	13	12
6	4	2	10	14	2	7	3	14	2	7	10	8
2	9	7	11	8	13	2	13	8	2	7	14	2
14	4	10	4	6	9	14	12	14	13	14	6	6
2	4	4	14	9	7	2	6	2	3	5	8	6
12	9	4	6	6	11	7	2	14	5	9	4	12

Solution on page 107

MATH MAZE PUZZLETM

J11005

2	11	2	3	6	2	3	2	7	11	12	4	6
7	12	11	4	5	7	2	10	12	12	4	3	11
9	4	13	4	13	3	5	2	6	2	14	8	3
4	13	9	11	6	10	3	8	9	2	11	2	8
12	2	10	3	7	12	8	6	10	6	4	7	6
7	13	12	3	2	7	4	7	12	6	10	6	7
5	2	10	13	14	10	2	3	6	9	2	11	6
13	12	2	13	2	2	5	9	2	12	7	9	3
8	3	5	3	12	2	6	2	3	5	6	13	2
2	4	3	11	12	7	8	3	10	4	3	6	7
10	11	2	13	6	2	3	7	3	4	12	2	14
8	8	2	6	2	13	11	8	3	14	9	7	8
2	7	9	3	3	9	14	8	6	10	11	6	14

Solution on page 108

MATH MAZE PUZZLE™

J11006

7	8	10	10	14	6	**11**	5	6	2	12	2	14
3	4	12	10	5	10	10	5	11	2	3	9	2
9	3	6	2	3	10	14	2	12	2	6	2	12
4	4	5	4	9	9	9	5	2	2	5	14	9
5	10	5	6	12	7	5	4	10	7	7	8	8
2	4	6	3	7	2	8	7	14	12	6	11	3
7	2	14	12	2	7	9	3	10	5	5	2	**3**
2	10	7	5	4	10	3	12	14	7	3	9	13
12	2	6	3	2	12	3	4	12	5	2	7	10
6	9	7	11	4	11	4	2	2	5	2	11	9
2	4	8	3	6	2	4	10	14	13	4	5	8
14	13	2	12	12	4	6	3	5	5	2	6	13
6	11	10	2	5	3	2	2	4	2	2	2	5

Solution on page 108

MATH MAZE PUZZLETM

J11007

6	2	2	3	11	2	3	3	5	12	8	5	13
2	5	9	11	7	5	9	4	3	6	4	3	5
12	6	5	6	4	7	8	6	3	9	12	10	13
2	3	11	11	7	12	11	11	9	9	2	6	4
6	7	2	5	7	7	11	12	12	9	14	3	5
2	5	5	5	6	4	5	10	4	11	8	3	14
3	4	7	9	13	11	2	8	3	2	6	11	11
7	4	8	13	8	6	7	5	2	8	12	2	11
6	12	8	2	5	3	14	2	2	2	10	8	13
12	11	13	4	8	10	6	4	7	7	7	3	11
6	3	2	8	10	2	8	2	5	2	10	8	2
6	3	2	5	7	8	3	2	7	6	4	6	5
12	2	14	5	9	5	14	2	12	13	11	7	10

Solution on page 108

MATH MAZE PUZZLE™

J11008

2	7	7	10	6	3	4	2	2	2	4	2	2
2	6	12	8	2	7	4	8	12	8	11	12	2
9	11	12	10	4	2	8	3	4	2	2	2	4
4	6	6	8	12	11	12	9	2	13	8	11	8
12	6	3	11	2	11	8	10	6	2	12	4	8
3	12	11	8	8	12	13	4	12	13	11	6	2
11	5	11	6	3	7	10	2	12	5	5	2	10
9	9	2	2	5	7	11	3	13	6	2	2	6
8	5	7	5	12	4	11	11	9	3	10	6	6
13	10	4	7	3	5	11	11	12	10	5	7	9
3	8	11	13	4	2	4	13	12	6	2	4	2
2	6	12	6	2	9	4	4	2	9	7	8	9
6	2	7	5	2	8	6	11	6	2	3	8	11

Solution on page 108

MATH MAZE PUZZLE™

J11009

6	2	12	10	10	6	12	12	8	12	5	2	9
9	7	2	12	11	13	6	8	8	2	3	14	11
2	5	10	5	5	3	2	2	9	8	2	6	3
7	5	7	9	9	12	5	9	4	13	3	14	8
2	2	4	14	7	12	13	6	7	2	5	3	7
7	7	2	3	9	4	2	10	3	7	13	13	13
9	7	8	5	3	11	11	8	14	4	8	13	8
3	5	8	6	6	5	3	6	5	11	8	11	10
3	10	11	7	9	2	14	7	3	11	14	6	8
12	12	3	10	2	8	3	4	2	6	3	6	2
13	2	9	2	7	6	11	6	5	3	10	10	4
5	8	10	6	2	10	5	5	4	6	9	3	3
6	5	2	7	14	2	7	5	12	2	6	2	12

Solution on page 109

MATH MAZE PUZZLE™

J11010

14	3	11	9	2	4	6	2	3	2	6	2	8
9	11	7	9	12	7	11	9	8	11	5	12	2
12	2	14	4	13	13	7	6	6	4	11	12	12
6	6	8	10	9	10	9	8	7	7	9	12	11
2	9	6	3	4	3	12	9	2	7	11	7	3
7	5	6	2	11	6	5	3	7	5	8	3	9
14	5	12	2	14	8	7	8	6	8	12	12	12
7	5	12	6	3	2	2	2	9	13	5	10	7
2	11	13	9	5	9	14	2	10	4	14	6	2
7	2	2	12	2	13	2	9	2	11	3	5	2
14	12	14	4	10	9	10	4	14	13	11	2	13
7	11	12	13	2	8	5	11	7	11	3	6	10
2	6	2	2	4	2	2	10	7	5	12	4	3

Solution on page 109

MATH MAZE PUZZLE™

J11011

6	2	12	5	7	7	**14**	7	3	14	9	5	14
5	4	7	9	4	5	8	6	5	3	2	10	7
11	3	14	6	8	4	2	7	14	3	11	6	2
5	3	9	3	4	9	13	8	3	8	5	4	5
5	2	10	2	5	2	10	2	8	12	11	11	10
2	6	7	2	8	7	8	12	6	10	3	2	5
10	3	14	12	2	6	9	5	14	3	8	4	2
4	10	2	9	3	6	2	2	12	4	3	4	7
6	5	4	2	6	5	11	7	5	4	5	6	9
4	4	5	13	12	3	6	12	12	4	7	4	4
2	7	12	9	10	2	5	11	10	8	10	13	13
4	3	7	4	2	2	3	10	11	6	11	10	8
14	9	5	14	12	2	14	5	9	2	7	2	5

Solution on page 109

MATH MAZE PUZZLE™

J11012

13	8	5	5	6	3	9	7	9	8	11	4	12
6	8	8	13	2	5	3	9	6	3	10	4	4
8	6	13	13	3	13	3	3	2	5	7	2	14
13	6	10	13	4	7	3	11	4	3	5	6	11
7	4	3	14	12	4	9	3	6	7	14	13	3
3	3	2	5	4	9	14	7	13	8	3	13	11
4	2	6	4	3	5	8	4	3	7	8	4	12
4	10	2	11	8	12	4	7	2	5	8	7	8
8	4	12	2	14	9	4	6	10	2	5	2	7
5	11	4	9	3	10	9	12	6	13	13	11	5
9	11	12	2	4	9	14	12	6	2	12	3	12
6	11	3	13	5	9	3	12	5	2	4	5	3
13	12	12	6	9	6	3	8	11	4	8	2	4

Solution on page 109

MATH MAZE PUZZLETM

J11013

7	6	7	8	3	12	3	3	6	2	3	10	13
11	12	2	6	6	3	14	13	2	11	5	12	12
5	8	4	11	10	2	13	13	12	2	14	2	13
10	10	7	13	14	12	12	12	12	8	6	7	11
3	3	9	4	13	11	2	12	14	2	8	2	2
6	12	3	13	13	8	2	9	2	13	6	13	4
9	14	4	9	9	10	10	8	7	12	14	6	8
3	6	13	3	13	14	4	9	2	6	5	6	5
3	2	6	2	3	7	10	3	9	13	5	2	10
11	5	11	7	12	13	2	12	3	12	5	11	4
10	4	14	11	12	7	5	10	3	7	10	3	14
3	12	7	5	2	7	3	9	11	11	10	2	7
13	4	2	3	6	5	11	4	7	4	4	9	2

Solution on page 110

MATH MAZE PUZZLE™

J11014

8	11	11	6	8	11	4	13	8	12	14	14	8
6	3	3	10	10	11	9	3	4	3	10	4	14
12	12	6	6	7	4	11	9	2	2	4	2	2
5	6	4	3	5	14	3	3	2	4	4	6	7
13	10	10	4	14	7	7	12	9	6	4	4	14
7	10	7	3	2	11	2	3	12	8	10	11	2
4	5	2	9	6	11	14	10	13	13	9	3	12
12	12	9	9	13	3	11	8	7	3	4	14	11
4	11	3	7	3	12	2	3	5	5	13	7	6
4	5	8	10	6	8	6	9	2	7	7	12	6
4	6	6	7	12	3	2	8	10	14	6	2	3
7	2	12	10	8	6	9	4	3	9	9	13	2
6	4	2	7	9	2	11	7	14	11	3	2	6

Solution on page 110

MATH MAZE PUZZLETM

J11015

14	7	7	8	4	9	3	8	13	6	7	10	5
4	6	7	3	7	4	3	9	4	4	6	8	7
12	5	2	4	8	2	6	2	12	12	13	10	11
11	8	7	13	9	13	8	11	6	8	10	13	12
11	2	9	12	3	2	5	2	2	9	3	11	12
14	10	7	10	4	9	2	10	12	13	8	6	5
2	12	3	14	12	2	7	2	14	12	8	13	11
7	10	11	4	6	3	8	5	11	2	8	9	5
2	3	6	3	2	8	8	2	4	2	2	14	10
11	13	13	9	2	12	6	4	8	9	2	2	2
13	10	7	5	8	10	2	6	2	2	4	5	5
4	10	10	10	10	10	6	10	3	9	2	3	2
9	5	14	2	7	5	12	3	5	9	14	2	7

Solution on page 110

MATH MAZE PUZZLE™

J11016

13	10	3	6	9	4	13	11	2	9	11	13	7
11	7	3	9	11	10	8	3	5	3	14	10	6
2	3	10	6	4	2	8	4	12	12	10	2	2
7	6	3	4	11	8	4	9	2	5	11	7	4
2	5	7	6	9	2	11	14	14	5	3	14	5
4	5	7	8	5	3	3	2	2	10	11	8	2
8	10	5	8	5	12	9	11	7	4	11	7	10
4	6	8	2	7	4	2	11	5	9	3	13	8
2	11	4	10	14	3	11	11	11	11	14	13	9
3	4	3	2	7	3	9	5	2	11	7	4	10
5	10	7	11	5	8	13	3	10	8	2	6	2
8	7	4	11	3	12	8	11	11	7	7	3	7
13	10	3	10	2	7	14	6	8	3	5	2	3

Solution on page 110

MATH MAZE PUZZLE™

J23001

2	6	10	10	2	2	6	**3**	5	15	10	12	5	6	15
10	5	15	13	6	12	8	3	14	2	5	8	14	5	11
14	3	10	4	5	6	13	12	11	13	8	5	12	6	5
11	5	12	6	2	3	4	6	14	6	11	2	8	5	11
13	4	14	6	2	4	7	12	11	9	14	7	2	14	7
3	7	4	2	3	12	12	10	12	7	7	7	12	7	11
15	6	9	15	2	13	3	10	5	5	2	7	5	2	11
12	2	15	3	11	14	4	12	5	12	2	11	12	4	10
12	8	2	4	2	2	5	7	6	4	7	7	11	5	11
7	10	4	5	7	2	5	9	14	11	10	5	7	12	3
15	5	6	12	7	4	2	5	11	6	5	8	11	4	6
11	3	12	11	7	3	15	2	8	8	11	4	7	9	4
13	11	13	10	2	12	9	5	14	7	5	14	3	8	2
10	14	7	2	12	4	13	9	10	11	12	2	8	5	8
3	6	8	5	3	2	4	**8**	6	13	11	2	4	14	6

Solution on page 111

MATH MAZE PUZZLE™

J23002

8	2	16	9	2	5	10	3	7	2	14	7	2	8	5
3	5	4	5	8	10	3	4	5	8	16	12	7	3	6
5	8	4	12	16	8	16	5	11	4	7	2	14	6	8
10	6	8	9	5	13	4	12	6	5	9	15	5	7	9
15	4	11	12	7	9	4	2	8	2	4	9	14	12	2
9	8	4	9	6	13	2	9	5	15	4	12	2	8	7
1	7	7	6	14	16	5	7	13	12	16	9	7	12	9
12	4	8	3	4	11	8	10	12	4	8	5	16	11	5
3	8	14	4	9	5	7	2	4	7	6	3	7	7	14
2	16	4	15	3	15	3	8	15	13	9	4	6	8	2
8	11	9	14	12	12	10	4	5	16	8	12	5	11	16
6	5	13	3	11	8	5	15	7	4	8	5	2	8	12
7	2	12	5	4	7	6	9	13	12	14	2	7	2	9
12	16	3	8	9	5	14	2	15	8	10	8	5	6	2
7	9	5	4	2	7	12	13	8	6	5	2	3	4	7

Solution on page 111

MATH MAZE PUZZLE™

J23003

15	16	**14**	8	5	6	10	5	3	14	10	8	7	2	13
14	6	7	7	8	3	5	11	7	4	6	15	5	15	9
16	7	2	2	4	2	8	12	11	2	15	10	6	5	2
2	13	11	3	9	7	2	7	12	11	9	15	11	2	8
14	13	15	13	16	8	16	8	2	5	7	9	13	12	8
3	5	16	14	8	3	5	4	6	6	14	5	6	10	8
7	4	11	2	2	5	8	9	12	10	11	5	12	12	5
2	15	2	11	7	8	14	4	4	3	9	10	11	7	10
8	3	11	11	14	8	13	10	3	12	15	10	15	11	8
2	14	3	6	3	3	11	3	7	11	2	5	2	15	13
4	9	14	5	11	7	2	5	7	2	9	3	12	8	12
12	2	2	3	8	2	4	11	15	3	4	9	9	10	8
16	14	7	4	3	3	4	10	13	3	7	2	3	3	**9**
3	6	8	2	5	5	13	15	8	16	2	4	6	12	15
13	12	4	12	12	14	8	10	15	6	5	7	2	15	4

Solution on page 111

MATH MAZE PUZZLE™

J23004

13	2	15	11	14	7	2	6	8	6	5	9	13	3	16
2	9	5	6	2	7	2	2	2	12	2	3	11	6	10
14	8	3	4	12	6	6	11	4	5	6	3	2	2	6
5	13	3	5	3	8	5	5	3	4	2	10	7	3	5
14	16	13	16	9	12	3	12	12	7	3	13	4	7	11
10	4	14	13	2	12	8	10	3	6	13	13	2	16	10
6	8	15	13	4	9	6	10	15	10	16	5	2	2	4
5	12	3	10	14	7	13	14	3	10	2	9	6	9	2
10	3	13	7	5	10	10	4	5	14	14	6	16	8	2
8	16	8	4	15	8	2	14	2	2	6	4	12	2	2
15	8	8	9	11	7	5	12	10	2	8	11	4	5	9
2	9	14	4	8	12	2	5	3	2	10	3	5	13	4
7	8	5	14	3	8	10	12	7	3	14	6	8	9	13
15	9	15	7	13	3	7	14	10	12	9	14	10	15	10
6	2	3	4	7	4	3	12	14	15	13	12	8	14	3

Solution on page 111

MATH MAZE PUZZLE™

J23005

11	16	12	3	10	15	5	3	7	5	13	4	6	3	3
3	4	2	11	5	3	12	8	3	13	4	10	14	11	8
9	15	9	8	13	13	4	11	5	4	11	5	12	8	8
8	6	16	6	8	3	12	5	9	13	15	13	12	3	16
2	14	16	5	2	4	10	6	7	5	9	4	6	4	11
14	2	14	4	7	4	2	2	5	14	7	2	15	9	16
2	6	5	9	7	16	4	4	13	10	5	2	6	16	9
16	13	6	3	11	2	15	11	5	4	9	16	15	9	6
8	15	4	6	3	4	7	11	14	9	5	10	5	14	14
2	13	13	3	7	2	13	5	2	6	2	16	3	7	5
7	15	15	2	3	6	3	16	14	5	7	5	5	14	13
14	7	2	4	14	16	5	2	9	9	3	11	15	12	15
4	5	11	14	2	7	2	14	5	2	8	3	4	15	2
9	4	13	10	8	3	5	11	14	6	12	2	11	2	13
2	14	11	4	5	9	4	13	3	5	5	14	9	5	10

Solution on page 112

MATH MAZE PUZZLE™

J23006

5	2	3	5	15	8	12	13	11	11	3	5	13	5	11
13	9	3	5	8	10	4	7	13	10	3	9	15	4	14
12	2	6	11	8	2	16	5	16	11	2	8	14	6	14
3	13	5	7	2	7	14	11	7	3	2	5	5	9	2
15	13	14	2	16	4	2	10	12	2	6	3	8	9	2
5	9	2	10	8	15	7	7	9	4	10	5	3	12	8
3	4	7	12	13	5	8	10	11	5	16	2	11	15	6
5	4	9	3	6	7	13	10	2	4	13	5	15	12	2
6	2	12	10	2	15	3	10	9	2	7	9	2	15	3
11	9	2	2	4	4	16	4	7	10	8	8	14	13	3
16	2	14	2	7	8	14	2	12	2	15	14	3	3	9
7	13	14	13	3	5	2	8	2	12	12	14	4	4	12
8	2	6	2	4	4	7	15	6	2	3	2	12	4	3
8	5	8	15	5	15	2	13	6	11	9	9	2	2	13
12	2	14	9	11	16	14	2	16	4	4	2	2	14	16

Solution on page 112

MATH MAZE PUZZLETM

J23007

8	3	10	7	4	7	2	9	4	5	9	6	3	3	**9**
5	3	9	7	4	3	8	3	2	2	2	7	3	3	6
8	**8**	2	6	4	10	6	3	4	6	7	2	9	7	3
8	5	7	6	7	9	6	3	4	9	6	4	9	6	7
4	6	7	7	2	8	5	9	3	3	2	6	3	9	10
3	7	3	7	5	9	4	4	10	3	7	2	9	5	2
3	2	2	4	2	2	8	6	4	7	10	3	2	5	5
10	2	3	4	10	2	3	6	4	2	11	5	9	2	2
6	4	3	7	2	4	2	8	3	5	3	10	3	7	10
2	3	3	3	8	9	8	2	8	2	9	2	9	6	9
6	8	7	10	2	5	10	9	5	10	2	5	4	3	7
9	9	3	8	9	2	7	3	3	4	3	9	2	3	3
2	4	6	6	6	10	3	7	2	2	4	2	2	4	10
3	3	8	8	2	8	4	3	2	8	2	4	5	6	2
2	5	3	4	3	2	7	**4**	4	4	8	4	2	9	**8**

Solution on page 112

MATH MAZE PUZZLE™

J23008

5	16	6	4	16	15	14	12	14	9	14	2	7	2	14
8	5	4	3	9	4	9	3	3	6	7	11	2	2	12
13	2	15	8	12	8	13	12	8	6	8	3	10	3	15
12	14	5	3	8	8	15	2	3	12	4	3	3	9	7
13	3	10	4	6	10	3	5	4	4	16	7	7	3	8
2	9	7	16	15	10	8	15	14	8	15	13	10	3	4
15	2	3	4	13	16	13	13	15	9	11	10	6	2	2
12	11	4	4	16	15	15	6	2	3	4	15	3	5	8
5	4	4	2	9	10	14	10	10	2	9	13	4	4	16
13	7	14	6	6	16	4	12	2	6	9	2	8	14	5
16	8	14	4	7	3	14	6	9	11	13	2	2	12	14
2	15	8	2	2	4	2	2	13	16	12	4	7	15	11
8	2	9	13	8	11	3	9	7	4	7	10	14	11	3
11	13	3	16	2	8	2	16	4	4	14	15	9	9	8
11	3	14	3	11	8	3	5	8	15	11	6	5	4	3

Solution on page 112

MATH MAZE PUZZLETM

J23009

13	8	5	3	2	4	6	6	12	4	3	4	12	3	13
4	2	8	6	2	7	14	4	14	5	15	3	5	2	10
6	5	8	10	2	15	2	11	3	8	3	7	2	2	6
10	3	15	9	6	12	16	8	8	2	5	12	12	4	16
3	8	4	13	9	10	4	5	4	9	3	13	2	11	14
13	2	11	14	15	13	16	6	4	2	2	13	14	10	8
5	7	10	8	8	4	4	12	6	3	16	14	9	4	7
16	2	14	2	7	2	2	8	5	10	7	2	5	7	13
6	9	13	13	15	11	15	14	6	7	2	8	13	9	4
2	11	8	8	15	2	9	13	13	8	14	11	15	15	9
14	16	6	5	10	5	13	16	4	13	7	7	4	2	3
14	13	3	8	16	5	4	14	9	15	2	11	13	4	3
2	3	15	15	8	14	6	4	11	5	12	8	2	6	2
4	2	12	2	14	15	11	5	5	6	4	14	15	3	5
14	3	3	3	6	10	10	10	2	13	14	8	6	13	14

Solution on page 113

MATH MAZE PUZZLE™

J23010

13	4	9	6	13	6	4	3	5	3	15	3	5	4	5
3	8	12	11	3	4	7	7	2	8	11	12	2	9	13
10	2	6	4	14	12	2	8	10	6	3	2	3	11	14
2	6	15	6	7	12	14	12	2	5	6	9	2	13	2
5	16	11	10	9	13	14	3	8	4	2	2	4	2	16
2	6	6	12	15	2	15	8	3	9	15	7	2	5	14
10	15	4	16	16	3	13	3	10	5	2	4	6	2	2
6	13	12	15	2	10	10	10	9	7	11	2	13	12	9
4	2	2	2	14	8	8	15	7	16	14	16	2	13	11
8	6	4	7	4	10	11	9	7	5	12	4	15	13	3
2	12	8	2	10	2	2	4	6	16	11	6	16	2	14
4	8	6	7	6	7	11	3	8	9	11	9	2	11	14
5	2	10	2	9	16	11	14	14	7	4	12	14	2	7
5	15	6	9	5	11	8	16	2	10	4	13	5	15	3
10	8	16	6	10	5	15	8	7	9	5	15	4	10	4

Solution on page 113

MATH MAZE PUZZLE™

J23011

16	3	13	2	11	6	5	11	3	4	12	4	3	15	13
8	14	5	3	7	8	3	12	3	5	3	9	2	5	3
8	12	4	11	**2**	4	15	6	9	8	3	5	6	8	**16**
3	7	10	4	5	9	11	10	15	11	9	12	2	9	10
5	3	8	6	7	5	12	3	11	11	14	7	8	15	6
7	9	2	10	12	13	3	5	11	16	14	6	3	7	4
4	4	16	7	12	3	15	6	3	3	6	13	11	5	2
10	10	15	15	3	14	7	10	3	3	15	5	9	9	5
14	2	16	4	4	15	3	3	9	3	16	14	2	10	10
2	13	13	13	3	5	2	7	15	8	5	11	7	8	6
11	4	15	7	9	3	6	13	3	15	7	2	14	8	3
5	10	3	7	6	10	15	4	12	12	3	8	5	15	3
16	3	5	3	15	13	9	12	11	4	**4**	15	14	5	9
2	7	15	7	7	9	6	7	11	9	11	10	7	4	2
8	10	11	10	11	14	5	4	11	15	7	14	2	5	12

Solution on page 113

MATH MAZE PUZZLE™

J23012

4	4	16	14	2	3	6	3	2	4	6	2	3	2	5
5	9	15	6	2	4	2	7	3	2	11	4	16	7	14
7	5	12	8	4	15	8	2	6	7	5	16	6	3	14
15	2	7	9	12	8	9	14	4	12	2	7	14	6	16
3	4	2	8	16	16	2	8	11	14	8	2	16	2	14
11	10	2	16	14	3	10	7	2	7	2	7	6	9	4
3	8	4	3	12	15	9	2	7	3	4	2	12	2	10
2	3	11	14	3	12	3	12	4	13	10	9	6	5	15
10	5	7	3	4	9	12	16	7	12	2	3	2	2	4
12	14	6	16	11	3	4	9	11	9	13	3	2	11	4
6	4	13	2	8	2	16	5	2	5	13	12	14	2	16
3	10	2	2	8	9	6	9	16	13	15	7	7	15	10
13	2	11	5	16	8	3	3	9	3	3	10	2	9	15
6	14	13	2	4	7	5	15	13	9	2	9	7	9	8
3	4	7	2	5	3	15	5	3	2	5	8	14	8	6

Solution on page 113

MATH MAZE PUZZLETM

J23013

4	10	9	3	3	5	2	10	5	2	8	4	4	4	12
13	7	7	14	8	6	15	4	10	8	5	10	2	9	3
13	15	15	15	15	11	5	4	4	16	3	4	2	12	9
3	10	8	14	12	3	6	3	4	6	3	14	12	7	4
3	2	6	15	2	3	3	12	2	6	9	2	14	11	5
3	15	5	3	3	6	11	6	11	5	3	12	7	5	2
9	10	11	3	8	10	4	5	9	3	3	15	2	6	7
7	6	3	12	4	16	2	8	12	4	4	12	2	9	5
16	16	2	13	2	3	6	13	14	4	15	10	4	2	2
11	9	9	4	13	9	3	10	5	11	2	15	13	3	15
5	7	5	2	2	4	8	2	2	10	15	7	2	13	5
9	15	13	7	4	7	10	6	7	3	12	16	6	11	6
14	2	7	16	5	11	8	10	2	7	10	6	12	10	9
16	5	3	8	9	11	4	14	13	14	11	9	7	13	12
8	2	4	2	5	10	8	2	5	7	2	6	5	16	14

Solution on page 114

MATH MAZE PUZZLE™

J23014

7	4	11	9	8	14	14	3	3	11	13	14	5	8	3
6	6	7	12	4	15	2	2	12	6	11	2	15	9	15
9	5	4	13	2	16	2	12	5	16	8	7	11	14	15
5	5	11	11	4	13	13	5	7	3	10	6	12	11	14
14	13	13	4	12	3	11	7	12	4	14	5	4	4	11
3	16	5	8	15	2	14	6	10	10	5	14	2	4	8
11	2	9	14	12	10	2	2	4	3	7	7	3	10	4
7	13	6	8	2	4	10	10	9	9	9	11	6	2	2
9	3	3	14	10	5	7	10	3	10	16	7	2	9	10
3	7	5	5	5	14	13	15	6	9	4	5	12	11	16
6	6	2	13	15	13	2	4	3	11	4	12	6	5	2
8	13	2	3	9	9	2	3	13	12	2	3	2	7	14
14	5	4	2	2	15	16	2	10	4	2	11	13	3	16
9	10	11	14	6	7	6	8	6	12	5	4	5	7	7
5	2	3	4	12	8	15	6	8	15	7	6	4	9	9

Solution on page 114

MATH MAZE PUZZLE™

J23015

10	2	5	3	2	9	6	**14**	2	16	8	2	14	7	2
12	15	7	6	6	12	11	8	10	2	3	6	15	2	7
13	5	16	4	12	8	13	14	5	11	15	8	3	5	15
5	4	4	9	3	12	8	11	3	4	3	9	10	3	15
2	10	12	4	13	7	6	13	4	9	3	3	5	15	15
4	2	6	6	10	11	16	3	4	3	2	11	5	10	5
8	11	10	10	7	2	2	16	9	3	6	9	3	6	10
2	15	9	6	12	9	6	13	11	3	3	16	2	2	6
4	4	9	9	3	5	11	16	10	7	9	4	6	3	6
2	12	6	5	6	2	4	2	2	3	8	5	6	10	11
8	3	3	9	3	3	2	14	7	2	11	16	3	13	6
4	12	9	13	4	8	3	9	16	2	9	2	9	6	7
4	15	10	5	2	3	9	12	15	4	4	8	2	14	2
2	14	6	16	2	6	4	8	7	3	5	16	9	11	16
8	6	15	14	4	11	9	**4**	2	16	6	12	15	5	8

Solution on page 114

MATH MAZE PUZZLE™

J23016

6	7	10	5	5	2	10	5	2	11	10	3	13	2	**11**
14	12	3	12	12	3	4	9	8	12	3	10	10	2	5
14	2	7	9	2	14	2	12	16	9	7	12	4	11	2
2	10	6	8	14	2	2	9	8	3	13	15	14	6	10
7	13	2	13	13	3	8	14	15	11	7	5	10	9	4
16	4	12	12	13	6	10	2	8	15	13	12	4	3	14
2	8	11	8	11	3	3	7	4	2	14	3	2	16	5
8	14	6	2	10	6	4	2	2	2	10	2	8	6	**9**
16	7	9	14	4	16	11	2	7	10	3	15	11	11	4
14	9	6	12	6	11	2	8	16	4	13	2	15	11	14
6	3	3	14	2	11	6	10	7	7	5	5	10	14	6
2	10	11	4	3	4	12	6	9	14	6	5	5	5	15
3	3	9	3	3	2	5	11	3	11	6	16	3	15	14
2	7	12	11	12	16	9	15	3	2	6	9	15	15	4
2	7	9	2	7	2	14	13	2	3	3	7	13	10	15

Solution on page 114

MATH MAZE PUZZLE™

J31002

8	7	6	2	3	5	8	9	4	6	3	14	2	15	14	7	6
2	13	3	13	13	14	3	8	10	13	7	15	3	10	14	12	5
16	14	9	2	11	12	11	4	15	12	2	10	4	2	13	11	6
7	12	5	8	6	3	8	10	3	15	10	3	13	6	8	9	2
9	11	8	15	5	15	12	7	5	14	9	4	3	15	15	10	4
3	2	8	4	2	11	3	6	14	11	5	15	2	6	16	6	16
3	12	9	3	3	9	4	5	9	5	4	3	12	6	2	9	11
3	8	4	6	16	6	5	12	11	4	16	3	15	10	4	13	9
9	10	5	2	10	2	5	2	10	15	6	5	9	9	15	12	2
7	16	15	12	12	14	10	9	7	13	3	4	3	13	3	3	3
16	8	2	6	12	3	4	12	3	6	15	3	8	2	6	4	7
16	2	11	13	7	5	7	14	5	13	7	12	15	3	7	6	5
9	15	2	2	10	6	11	12	15	4	10	8	13	8	16	14	7
4	12	9	4	15	13	14	10	3	14	16	11	5	6	5	14	2
14	11	12	10	6	2	12	9	5	15	11	9	12	10	6	4	5
2	5	3	12	3	5	7	4	2	11	13	2	7	3	15	2	2
10	5	5	3	2	5	5	2	3	2	11	11	13	9	7	13	14

Solution on page 115

MATH MAZE PUZZLE™

J31003

9	3	8	6	12	5	14	15	11	15	15	2	5	2	3	5	15
3	10	13	8	10	13	8	13	11	9	13	6	3	2	9	10	13
6	5	4	6	5	15	15	8	7	7	2	13	15	14	2	6	12
4	4	4	7	9	12	10	11	11	9	2	8	10	14	5	16	6
2	4	10	11	15	3	15	13	6	2	4	3	8	13	7	4	11
2	9	15	6	5	7	2	13	2	14	4	9	5	9	3	10	9
4	7	11	3	8	15	15	7	8	2	10	7	9	14	13	14	2
13	15	7	7	2	14	13	3	3	11	2	11	15	6	12	8	3
3	3	9	3	4	15	2	16	13	6	2	8	4	4	7	2	5
2	4	3	7	2	2	7	15	12	9	2	9	2	7	12	3	6
5	11	3	3	6	15	14	2	16	4	12	6	5	3	15	9	2
2	13	12	12	12	11	13	13	15	3	6	16	2	6	13	4	7
7	4	3	4	7	2	14	7	14	5	2	5	10	11	2	11	5
11	14	3	7	3	6	12	11	7	6	13	14	9	13	2	6	12
12	9	3	3	9	9	2	12	14	2	12	8	2	2	4	7	2
2	10	6	10	3	15	14	11	6	14	2	15	8	16	14	2	2
6	2	4	7	6	3	2	2	4	7	14	2	16	12	7	14	9

Solution on page 115

MATH MAZE PUZZLE™

J31004

7	9	16	11	6	5	3	14	15	5	3	10	3	4	12	8	6
5	9	4	5	13	14	3	12	8	12	11	3	3	6	13	11	3
2	10	4	9	13	3	16	8	2	8	14	9	9	10	14	5	9
5	4	7	6	14	5	11	3	5	3	6	16	3	13	11	2	5
7	5	2	6	12	12	8	2	10	2	8	5	3	15	3	12	6
13	9	6	13	10	4	8	11	2	15	12	14	13	10	3	6	8
5	5	11	9	2	11	13	11	5	10	11	2	2	7	9	13	14
14	7	6	6	4	15	16	12	2	10	10	4	2	9	16	8	12
5	2	3	10	8	16	2	5	10	15	16	15	4	14	9	5	6
10	12	4	4	2	12	12	6	11	9	7	10	6	8	3	4	3
3	6	12	2	6	5	14	12	9	15	7	2	12	6	16	13	3
2	14	12	15	10	7	5	10	15	9	7	2	2	7	4	4	10
5	9	4	4	3	3	9	3	7	10	3	2	2	3	12	5	7
6	4	10	8	4	5	12	8	13	4	6	5	2	13	2	12	5
7	16	10	4	7	2	5	5	10	14	5	15	13	7	11	9	12
3	12	15	12	6	4	7	7	2	5	10	2	2	5	13	13	2
2	10	8	6	16	5	11	3	5	5	7	5	10	4	2	3	6

Solution on page 115

MATH MAZE PUZZLE™

J31005

6	2	3	4	12	2	6	6	12	12	2	8	16	15	12	2	13
11	4	3	8	5	5	13	5	7	5	13	9	7	2	12	3	2
15	15	7	13	8	7	15	3	5	16	15	5	9	7	2	6	11
11	2	3	10	12	7	8	7	5	13	3	3	14	3	7	7	4
9	15	5	12	11	11	13	8	13	10	5	2	7	11	9	10	15
3	4	14	13	6	8	14	15	6	14	4	8	7	10	6	6	12
16	10	5	2	8	6	3	2	14	2	12	8	14	8	15	11	3
9	12	9	12	15	4	14	8	2	15	4	2	3	3	5	12	6
5	9	5	3	10	7	15	7	12	5	8	3	11	7	3	6	9
12	10	12	11	11	10	15	11	9	4	8	5	8	5	5	11	13
9	10	11	8	10	12	10	12	12	15	12	15	12	9	15	14	8
8	15	10	16	3	12	9	16	9	9	9	14	3	15	4	2	2
13	15	2	4	9	9	15	13	11	9	4	10	15	7	9	12	10
6	12	4	7	14	3	11	11	5	2	13	2	12	3	10	4	9
11	14	13	11	3	7	10	9	9	5	14	2	7	4	13	3	10
12	12	15	13	14	7	6	2	3	15	9	6	12	11	14	5	4
6	3	3	2	5	3	15	5	3	10	16	4	15	16	6	9	6

Solution on page 115

MATH MAZE PUZZLETM

J32002

10	4	9	7	13	6	8	5	13	2	11	6	17	3	14	16	4
5	11	14	8	12	15	2	14	12	10	14	6	16	3	7	11	14
2	3	5	2	10	17	6	2	3	15	18	14	12	6	2	11	17
10	2	5	5	2	10	13	12	12	12	9	9	7	11	15	14	18
10	5	15	11	8	2	16	2	8	4	2	11	5	2	3	9	4
4	6	10	17	7	6	8	3	15	7	15	4	10	6	14	4	12
6	5	3	2	6	6	17	16	15	3	5	8	13	4	17	15	15
3	15	3	8	4	7	16	8	2	3	12	2	12	17	7	13	9
2	11	9	16	2	13	16	11	17	8	9	2	7	5	5	8	2
3	2	4	7	2	10	3	3	15	14	10	2	2	2	3	14	4
6	10	13	5	4	9	13	15	9	3	3	2	5	12	14	17	10
2	5	3	14	14	14	10	14	3	17	3	2	18	13	7	15	4
12	7	16	7	6	2	3	2	3	2	5	15	11	9	12	5	12
10	13	4	3	4	3	6	8	13	8	2	15	16	13	14	14	6
2	7	12	8	2	7	14	12	2	8	10	11	9	8	8	13	8
9	2	4	16	16	11	7	11	3	17	15	12	7	15	6	8	7
18	16	3	2	5	2	3	6	18	3	6	3	18	2	9	7	2

Solution on page 116

MATH MAZE PUZZLE™

J32003

15	3	18	6	3	2	6	2	12	6	18	17	8	10	17	4	11
9	14	2	15	8	13	2	14	10	5	6	15	3	5	4	17	5
6	3	12	3	4	2	2	3	4	15	3	2	6	17	4	7	6
4	7	5	3	12	8	5	16	13	11	13	3	4	10	4	9	3
2	13	17	8	15	5	10	13	8	7	7	8	2	8	16	15	2
6	17	15	8	5	7	13	11	4	4	15	13	14	15	2	11	8
12	6	2	11	3	2	5	6	12	3	12	13	8	15	8	2	16
3	8	15	3	8	13	3	13	6	15	12	12	16	17	7	11	12
18	3	6	7	15	3	8	2	4	2	2	7	15	15	6	13	10
6	7	2	4	13	11	15	7	11	15	4	3	2	13	8	15	2
3	4	3	4	12	4	3	5	15	12	6	5	10	12	13	17	11
5	6	13	5	6	9	8	8	17	7	3	13	17	5	4	2	5
15	5	3	3	9	9	18	7	9	9	2	14	10	5	13	8	5
3	2	4	17	2	14	6	13	3	16	3	12	13	4	8	10	7
7	7	5	2	3	8	12	7	12	2	6	3	18	12	2	6	13
16	14	3	17	5	13	4	15	15	13	4	14	18	15	6	2	18
3	12	15	2	8	5	3	9	16	13	2	17	7	15	5	2	3

Solution on page 116

MATH MAZE PUZZLETM

J32004

8	3	5	2	10	11	18	2	9	3	12	9	3	4	12	7	5
5	9	3	13	2	13	6	5	17	2	5	14	4	11	12	15	2
3	2	6	5	5	13	12	7	5	13	6	11	10	2	12	5	7
5	15	2	13	2	7	11	17	2	7	5	11	7	14	6	11	17
6	3	3	2	3	5	8	8	10	5	10	18	3	10	5	3	15
2	14	8	5	4	16	8	7	3	4	5	2	3	14	12	16	5
3	2	6	8	10	11	16	3	13	17	14	17	9	14	17	12	3
5	16	4	18	14	15	10	5	5	5	10	15	2	10	2	15	6
16	8	2	4	7	2	6	11	2	9	3	6	18	12	15	17	18
5	16	3	14	7	9	6	15	13	14	6	15	8	15	3	10	2
12	16	17	18	3	18	7	4	17	17	18	2	9	9	18	15	9
7	11	9	2	13	9	7	11	13	17	2	6	12	3	11	4	2
18	8	5	10	2	13	3	17	9	10	4	8	18	9	2	9	18
4	6	10	17	11	7	3	7	15	5	18	7	12	3	5	5	6
10	17	9	10	4	11	2	7	17	3	16	3	6	3	18	11	8
10	10	8	4	14	15	3	17	8	15	12	10	17	5	5	9	9
15	10	11	14	9	5	3	17	18	2	9	5	4	9	13	12	5

Solution on page 116

MATH MAZE PUZZLE™

J32005

4	2	2	11	18	9	2	6	12	7	10	2	12	3	6	3	18
2	9	5	9	2	8	15	11	2	10	7	16	3	2	3	13	10
6	9	7	9	16	16	14	16	6	2	3	16	9	2	2	9	9
2	11	15	4	9	13	9	5	3	9	11	4	3	14	4	14	2
4	8	9	6	16	3	10	10	10	8	18	6	3	9	6	3	2
2	17	10	17	7	15	3	8	2	16	11	14	10	16	3	17	12
8	15	17	7	14	17	9	7	12	2	14	4	18	14	18	8	16
6	10	12	12	11	15	6	3	5	5	5	8	15	11	11	15	16
2	15	3	14	18	12	7	4	11	6	17	16	3	4	7	3	15
2	9	15	15	17	2	7	3	16	8	17	10	16	4	16	15	11
4	7	11	9	2	7	14	3	11	5	11	8	13	15	8	15	8
5	6	12	7	18	18	12	3	3	5	13	8	7	12	13	3	3
18	13	5	7	12	7	12	14	10	14	11	4	15	5	11	6	4
2	11	14	2	3	10	9	4	17	13	13	9	14	9	7	17	14
16	4	13	3	16	2	8	11	17	3	16	13	3	6	11	14	15
4	2	2	4	10	16	4	11	11	6	11	2	10	11	14	2	14
4	7	11	9	5	5	10	6	16	5	12	10	11	14	4	14	8

Solution on page 116

MATH MAZE PUZZLE™

J33001

18	11	5	18	2	11	14	6	20	5	4	2	2	12	12	7	11
2	3	8	14	20	18	3	4	8	2	10	11	16	15	2	19	16
20	13	11	7	18	11	17	6	11	19	9	2	18	14	9	15	19
17	8	3	7	4	2	12	20	3	18	9	11	5	18	20	14	3
17	3	14	11	14	10	4	4	8	5	18	9	15	19	18	12	6
3	14	15	12	15	15	6	17	9	2	3	5	10	13	2	8	3
20	15	11	15	3	5	8	10	9	3	6	14	18	2	20	6	2
2	14	11	2	5	13	2	2	4	8	12	17	2	17	12	15	2
18	2	20	5	15	14	4	19	5	19	19	10	9	4	10	8	4
16	7	3	11	7	11	5	14	3	9	5	13	20	9	9	2	17
19	8	7	18	5	8	9	17	2	12	14	15	20	15	20	5	2
13	19	8	12	19	15	3	5	17	3	6	8	8	2	7	4	16
11	7	12	3	4	11	12	3	15	6	7	17	10	4	15	14	7
13	3	3	3	3	16	19	13	8	17	12	18	6	20	14	15	6
6	3	9	3	7	7	14	2	7	16	15	19	17	7	3	13	12
7	16	6	7	19	4	9	15	3	9	5	11	8	9	7	6	7
13	9	11	13	4	9	14	5	13	12	20	7	6	8	13	11	19

Solution on page 117

MATH MAZE PUZZLE™

J33002

8	10	19	3	6	16	4	16	16	18	4	11	12	17	8	19	4
9	16	9	2	8	8	18	18	4	6	9	15	13	7	4	15	2
12	16	7	13	4	4	13	13	4	7	10	7	3	10	13	11	19
5	5	17	12	5	2	17	15	2	10	18	10	19	8	9	5	18
7	13	18	3	15	7	3	11	2	10	6	15	15	4	7	18	13
3	3	13	7	5	9	18	11	7	4	15	7	11	8	13	4	13
13	18	2	13	3	2	6	15	14	10	5	11	2	9	18	16	2
11	6	16	9	20	7	3	2	3	13	18	13	4	5	11	13	4
19	13	16	19	6	3	18	5	17	9	18	3	6	15	2	15	6
12	17	2	2	4	20	10	5	3	9	9	9	16	5	19	5	15
7	7	14	7	2	13	17	15	20	14	2	2	4	20	2	14	16
17	10	2	8	10	12	7	3	10	8	15	13	2	16	11	11	19
7	2	14	14	17	10	10	5	2	15	12	10	2	15	13	19	5
2	3	2	16	2	14	4	16	5	17	2	20	18	15	17	20	9
8	10	11	6	17	3	18	7	3	2	6	13	17	15	17	20	15
10	18	10	7	13	7	3	19	5	2	12	7	6	19	12	6	17
9	8	6	16	3	18	9	7	15	11	11	2	4	14	4	17	2

Solution on page 117

MATH MAZE PUZZLE™

J33003

10	2	5	7	19	19	2	3	6	4	2	2	4	8	6	6	3
19	13	3	17	10	15	3	7	10	15	5	10	5	17	3	6	5
18	10	2	9	17	12	6	3	9	18	8	4	9	2	18	7	15
2	2	10	9	12	2	2	11	3	2	16	4	7	2	13	4	12
7	10	20	12	11	6	4	8	6	17	4	16	6	7	5	2	3
18	9	10	13	13	2	11	7	2	3	14	12	6	3	16	6	4
12	10	2	14	20	10	10	14	8	5	13	7	10	10	2	18	11
6	9	16	18	4	7	2	3	20	5	5	3	18	16	3	4	8
18	2	20	4	16	10	5	6	11	10	8	7	11	19	2	15	16
8	15	7	16	6	16	2	3	3	9	2	4	10	17	5	19	12
2	5	15	11	10	12	13	2	8	2	4	14	10	13	14	9	15
16	13	13	2	10	14	3	8	8	15	12	6	2	19	6	3	13
18	7	12	11	20	17	18	13	5	2	10	2	20	8	13	8	9
11	9	20	4	10	10	3	2	3	3	17	17	10	3	8	4	19
4	2	8	7	16	11	15	5	3	6	18	15	15	18	7	17	9
14	20	15	18	8	13	18	8	5	18	3	6	7	6	10	13	4
2	5	13	6	5	17	11	10	5	3	15	13	7	14	13	6	16

Solution on page 117

MATH MAZE PUZZLE™

J33004

3	18	16	8	2	10	5	3	15	16	5	2	3	4	12	4	18
3	11	2	14	8	4	14	19	10	5	2	10	3	15	15	14	18
9	9	18	5	16	12	4	2	2	6	7	11	18	2	16	8	18
5	15	14	12	12	6	3	13	8	6	2	6	18	11	4	10	10
12	16	19	8	6	4	20	5	16	7	9	5	14	10	12	3	15
18	19	15	3	11	12	19	2	10	8	10	6	3	4	7	18	5
5	11	10	14	6	6	3	7	10	16	6	9	12	2	6	2	3
20	7	14	11	6	7	5	5	6	2	9	17	2	2	2	16	11
6	9	8	12	11	2	9	10	11	12	14	9	19	7	12	2	6
3	19	7	20	14	13	19	19	11	9	6	11	5	13	8	15	14
18	2	20	6	14	3	11	8	3	18	13	2	15	3	5	2	7
6	10	4	14	18	5	10	16	3	15	2	12	9	20	5	20	2
10	15	16	12	18	2	9	13	9	2	11	20	20	9	11	11	9
2	8	16	12	8	13	3	9	14	20	12	19	2	8	7	9	3
2	9	9	16	10	13	3	2	6	6	12	10	10	18	4	2	6
11	14	18	17	2	18	2	15	19	4	4	18	2	3	7	18	6
13	17	9	17	8	2	4	3	12	15	3	5	8	18	3	11	2

Solution on page 117

MATH MAZE PUZZLETM

J34000

13	5	8	9	17	4	21	23	17	23	23	3	2	14	24	6	4
8	12	7	15	19	11	7	20	12	19	2	16	14	19	2	21	4
21	20	11	6	5	2	3	7	23	23	13	10	10	6	22	20	2
15	14	17	13	2	6	7	11	14	17	16	17	16	13	11	12	12
11	12	23	17	7	6	14	16	22	5	22	20	2	20	2	15	24
9	4	11	10	5	23	24	21	8	14	23	9	8	10	3	20	11
4	24	20	8	6	4	13	18	7	12	12	17	8	22	20	7	13
23	17	13	5	16	8	12	23	19	23	10	11	9	21	4	2	5
21	15	10	16	16	23	6	22	17	15	10	22	5	19	16	15	24
2	5	11	13	24	19	18	22	17	21	16	3	5	10	2	13	4
16	15	17	21	9	14	23	12	2	14	16	2	8	14	8	6	22
21	3	15	13	7	7	17	3	12	12	21	13	3	7	2	18	18
9	19	18	10	8	20	19	13	24	8	21	10	11	5	16	9	24
9	23	2	24	4	21	3	10	2	10	5	7	3	19	13	17	21
3	3	9	19	4	17	23	14	12	2	24	14	12	16	6	10	13
3	4	20	17	2	12	5	9	2	19	8	18	3	17	2	12	2
9	6	3	7	2	3	6	2	8	5	3	7	11	13	5	24	21

Solution on page 118

MATH MAZE PUZZLE™

J34001

6	11	11	9	15	15	7	6	15	8	7	10	3	4	12	2	8
4	9	18	5	6	16	9	11	2	4	5	3	5	2	4	11	2
2	7	14	2	7	4	3	7	17	9	12	3	15	15	8	2	6
18	8	6	13	9	7	2	18	12	18	19	18	13	18	13	15	5
17	16	18	4	17	2	5	2	3	3	9	6	6	2	4	2	2
12	11	16	15	12	14	20	4	11	14	2	7	2	4	5	5	6
12	2	3	3	15	10	5	14	2	2	18	2	4	18	8	4	12
12	4	6	4	15	2	17	20	12	13	13	9	4	15	4	13	6
9	13	6	11	10	7	2	14	16	17	5	17	16	7	2	4	8
4	15	10	8	18	11	20	11	5	8	17	15	5	18	9	17	2
10	8	5	3	20	12	8	5	3	5	15	4	11	5	6	3	4
3	4	9	13	3	12	11	9	18	16	13	10	12	9	14	3	3
5	3	15	2	17	8	4	16	17	5	8	2	14	18	3	8	12
3	2	17	4	5	5	15	16	17	18	17	11	6	5	3	16	2
8	18	13	10	14	2	4	13	19	7	11	13	13	6	7	16	14
4	19	15	10	4	11	17	16	20	20	11	15	12	19	7	3	3
2	12	10	18	18	17	5	9	12	8	15	15	18	14	7	4	17

Solution on page 118

MATH MAZE PUZZLE™

J34002

6	22	6	20	3	19	8	9	14	15	11	22	24	3	14	14	7
2	9	9	2	20	17	15	16	21	15	9	18	3	22	2	15	3
3	7	11	15	10	19	2	17	23	15	7	5	2	6	8	13	21
2	2	5	18	12	4	22	4	9	22	3	20	13	22	8	2	3
5	18	3	8	17	21	18	16	17	13	21	23	17	5	12	12	24
2	19	17	6	9	14	20	16	10	3	7	5	4	4	19	2	7
10	7	3	3	6	17	10	3	22	13	14	21	21	17	4	2	8
9	19	20	2	2	5	18	9	7	20	2	12	18	11	22	7	2
7	2	9	3	3	9	6	19	17	17	7	3	21	4	17	4	4
15	8	10	15	10	14	16	21	5	8	11	9	14	14	2	10	10
15	4	19	10	19	12	8	14	9	3	6	4	24	5	19	15	6
2	21	23	21	2	12	9	18	2	14	21	14	14	16	10	4	21
8	20	18	9	8	8	11	9	18	15	3	23	3	22	9	5	18
18	3	12	19	18	15	6	11	19	8	21	15	8	18	2	7	20
14	9	20	9	16	16	5	8	3	5	24	6	18	17	4	15	18
13	8	10	4	23	8	11	21	11	18	13	22	6	22	17	21	5
22	7	3	17	16	13	19	16	22	2	24	2	12	7	2	21	5

Solution on page 118

MATH MAZE PUZZLE™

J34003

18	22	16	13	12	10	3	2	5	2	3	21	24	6	18	2	9
14	22	16	23	16	11	3	8	8	10	21	9	9	20	16	22	5
4	17	5	4	20	5	9	22	15	9	6	15	10	22	20	22	10
3	10	4	24	3	3	9	13	8	9	3	8	13	21	18	12	2
12	3	9	18	23	20	18	5	23	6	2	19	23	6	21	12	18
3	11	15	12	4	4	4	20	3	4	3	10	3	15	22	11	22
15	5	3	16	19	6	2	12	24	4	6	2	20	18	5	12	19
21	2	9	17	13	5	2	22	4	8	11	10	12	8	16	15	2
21	11	16	23	24	6	4	21	22	10	12	4	8	8	13	11	15
2	18	4	22	2	22	10	5	2	17	5	19	2	24	8	8	3
19	3	22	13	12	7	19	3	11	8	3	2	5	9	14	2	12
20	20	2	20	13	23	16	23	3	16	19	8	11	2	23	19	12
16	8	11	6	14	12	3	6	18	16	2	3	5	7	12	16	15
6	3	2	14	21	15	18	11	11	14	11	19	21	8	6	15	15
5	10	9	5	4	2	6	3	9	24	6	2	4	2	2	3	4
19	6	5	15	7	18	4	7	2	16	4	19	2	23	2	5	13
24	13	11	2	22	20	3	9	18	6	24	20	20	10	2	10	20

Solution on page 118

MATH MAZE PUZZLE™

A11000

14	3	2	14	16	14	2	4	8	6	2	10	12	7	5	3	8	2	16
2	14	11	2	3	3	12	4	5	11	8	6	16	11	10	4	8	7	11
16	8	15	8	13	11	2	2	4	8	6	15	3	6	3	5	15	6	2
8	8	13	11	6	10	3	7	2	4	3	2	10	15	6	3	14	11	2
2	7	9	7	9	12	8	12	8	16	11	10	4	14	4	8	12	8	12
3	7	7	6	10	16	14	6	2	11	15	8	6	13	14	2	8	5	2
14	8	8	10	4	9	14	12	16	15	3	16	3	4	4	6	7	4	3
14	10	12	8	4	10	11	11	13	13	14	8	7	13	10	4	6	12	3
6	12	13	7	3	13	5	2	3	4	12	2	13	5	8	4	6	15	14
9	8	10	6	2	9	7	8	4	5	7	8	11	8	11	8	12	14	6
15	14	14	7	12	9	12	11	10	4	14	7	7	11	14	13	3	2	13
13	7	12	15	12	14	2	9	16	9	8	4	3	15	13	6	2	3	4
6	6	12	6	6	10	6	4	2	3	3	12	3	15	15	14	11	2	7
2	5	13	10	3	14	12	13	2	12	7	14	10	4	16	4	2	7	2
3	2	6	8	2	4	8	4	4	4	11	15	10	10	12	6	11	4	5
8	5	2	11	8	11	13	3	6	6	8	2	4	5	4	8	6	16	14
2	12	4	2	8	4	4	10	8	7	11	7	5	16	3	2	3	15	6
7	13	14	3	14	6	7	10	16	4	5	16	11	14	6	7	13	2	5
13	2	15	5	3	8	11	4	16	13	2	6	11	14	14	12	15	12	6

Solution on page 119

MATH MAZE PUZZLE™

A11001

6	14	15	4	12	2	16	15	9	12	14	13	8	10	8	8	6	8	14
4	6	2	13	13	2	13	2	6	14	14	9	5	7	3	10	7	10	5
9	16	8	2	6	11	5	15	9	9	10	13	5	13	3	2	2	15	9
8	15	13	8	12	12	11	8	9	10	5	4	11	5	15	8	6	10	6
13	3	9	6	3	15	9	10	2	3	12	6	11	5	12	6	5	11	15
9	15	3	8	9	14	3	8	5	3	8	7	9	4	4	2	3	13	2
10	2	3	5	12	13	15	2	9	3	7	10	15	3	6	12	16	14	13
10	7	3	12	3	12	13	15	9	13	12	6	12	5	10	5	7	7	10
3	4	6	7	9	14	10	16	10	5	7	13	5	12	2	3	6	12	3
13	16	9	15	11	8	11	15	11	8	12	12	4	11	7	8	3	5	8
9	11	2	11	4	16	13	2	15	3	16	8	2	16	14	2	2	9	11
14	2	7	13	15	4	5	2	4	13	2	11	2	10	7	6	8	4	5
2	8	16	3	16	2	8	16	11	3	14	2	4	2	2	9	7	15	5
16	3	16	10	5	15	4	6	14	16	10	16	15	15	5	14	8	10	8
5	10	15	9	11	8	6	10	13	11	15	9	3	8	12	3	5	5	8
5	7	11	12	4	14	5	14	8	3	10	3	2	6	14	6	3	15	10
10	7	4	3	7	4	11	6	14	4	11	15	16	6	14	15	4	14	8
2	8	3	5	11	9	12	15	9	15	8	8	16	13	6	7	12	13	9
5	5	12	10	5	11	6	6	12	14	7	2	15	11	4	12	11	14	11

Solution on page 119

MATH MAZE PUZZLE™

A11002

9	3	3	7	10	5	2	6	12	15	3	2	5	3	15	14	3	8	6
5	10	13	8	10	13	8	13	7	9	5	6	14	2	9	10	13	8	8
4	5	4	6	5	15	15	8	5	3	15	12	14	14	6	2	4	13	10
9	4	4	7	9	12	10	11	11	9	8	8	10	14	12	16	3	14	14
5	4	10	11	15	3	15	13	2	13	10	3	8	13	8	4	12	5	3
5	9	15	6	5	7	2	13	7	14	4	9	5	9	3	10	6	2	14
5	8	8	11	5	15	15	14	9	2	10	7	9	14	15	13	2	3	6
13	15	7	7	6	6	3	2	3	11	2	11	15	6	12	8	8	4	3
10	7	14	3	13	6	10	11	13	6	2	8	6	3	3	2	5	15	10
2	3	7	7	9	12	3	13	12	9	2	9	2	4	6	3	6	2	13
6	7	13	14	3	15	14	5	12	3	10	7	3	5	15	9	2	14	15
5	13	11	12	12	11	13	8	4	12	2	16	12	6	13	4	7	8	14
8	4	2	16	3	2	2	7	14	5	13	9	8	15	2	11	14	8	6
2	14	3	12	3	6	7	11	7	7	13	15	11	13	3	5	4	9	2
4	9	7	7	14	9	7	13	7	5	10	8	7	7	6	7	10	5	3
2	10	6	10	3	15	13	11	6	14	5	7	6	16	3	2	2	15	5
6	15	15	7	6	3	11	8	4	7	12	6	15	12	9	14	5	9	15
2	6	7	2	14	16	11	3	2	12	14	8	7	4	3	11	3	8	5
4	3	5	3	12	3	2	7	15	16	3	5	10	8	3	5	15	2	3

Solution on page 119

MATH MAZE PUZZLE™

A11003

5	2	3	12	15	4	13	2	5	6	7	5	10	2	8	15	9	15	6
2	9	16	10	3	7	5	14	8	3	12	11	6	9	5	12	5	6	2
3	10	13	11	5	3	2	2	4	16	8	2	16	7	13	3	10	7	3
11	14	3	5	12	12	15	13	2	3	7	9	6	8	9	10	15	13	5
3	8	10	2	12	4	9	6	2	13	15	5	6	2	5	16	6	4	16
7	11	4	10	6	16	5	4	7	14	7	2	8	16	8	5	4	3	9
15	13	3	7	2	5	10	6	9	11	8	3	12	10	4	12	15	8	12
5	9	5	10	7	4	2	10	14	3	8	3	2	6	12	14	6	3	8
14	8	15	13	12	16	8	2	4	4	6	16	7	5	4	10	2	4	6
11	14	7	9	5	9	2	5	9	7	14	7	11	4	6	7	2	13	15
13	15	8	16	8	2	10	8	14	13	12	3	6	5	2	7	3	13	13
7	12	8	3	2	3	7	9	15	7	2	5	9	2	2	15	4	12	16
15	8	11	3	4	14	6	9	8	14	3	10	7	4	12	14	4	8	10
15	3	4	7	2	5	2	3	14	8	3	9	15	15	13	2	14	10	6
4	11	12	9	2	10	4	10	8	16	10	7	6	8	12	15	14	8	7
3	8	14	4	8	6	10	15	5	10	14	5	3	13	6	11	8	14	13
5	2	9	7	16	5	14	11	12	9	5	15	3	14	2	11	6	7	13
4	14	3	2	13	3	16	14	3	8	16	10	12	8	11	4	5	7	8
15	5	3	8	14	12	5	3	14	8	15	12	15	13	13	2	11	15	5

Solution on page 119

MATH MAZE PUZZLE™

A11004

7	7	14	10	16	8	2	5	11	15	8	6	13	14	2	8	5	2	4
8	8	2	4	9	14	11	7	15	3	16	3	4	4	6	7	4	3	9
10	12	16	9	7	11	13	3	16	4	4	7	13	10	4	6	12	3	7
12	13	15	12	3	6	13	3	16	12	2	13	5	8	4	6	15	14	7
8	10	3	2	2	12	6	4	5	7	6	11	8	11	8	12	14	6	10
14	14	12	12	5	2	7	10	11	4	15	3	5	2	3	3	6	13	2
7	12	2	12	14	2	9	16	9	8	4	3	15	13	6	2	2	4	6
7	8	6	10	3	2	6	8	14	3	8	3	5	3	8	4	12	7	12
5	13	3	13	6	12	13	15	7	7	2	10	4	16	4	2	7	2	10
5	2	3	15	9	13	12	6	2	11	4	10	10	12	6	11	4	2	8
5	9	11	4	3	13	3	6	2	8	5	4	5	4	8	6	2	14	5
10	16	5	2	3	14	4	8	8	2	16	5	16	3	2	5	2	6	12
7	14	3	14	6	2	2	11	2	5	13	11	14	6	7	13	4	5	7
3	5	15	9	9	2	8	2	16	2	3	2	5	14	12	15	6	6	12
15	7	8	5	3	2	10	9	11	6	4	3	7	3	5	7	2	4	9
6	7	10	10	13	5	7	4	14	11	16	9	12	4	2	2	4	9	15
16	2	8	8	16	13	7	15	10	5	4	8	10	9	2	11	2	3	15
8	12	2	11	14	14	11	3	8	15	15	15	2	2	4	9	15	12	5
8	15	16	8	2	9	9	16	4	9	15	9	2	2	15	8	14	13	13

Solution on page 120

MATH MAZE PUZZLE™

A12001

4	16	13	8	15	2	12	18	6	3	13	8	3	5	9	17	15	6	11
3	5	15	10	5	3	15	12	15	3	5	6	6	11	17	9	8	2	16
11	9	5	5	3	3	6	6	3	8	2	15	3	4	6	8	17	4	8
14	2	12	6	15	11	9	9	18	12	10	12	3	15	8	7	15	13	2
13	15	4	18	7	2	12	14	17	14	7	3	5	6	2	18	12	15	13
10	2	8	4	10	7	12	14	15	14	17	2	15	3	16	9	7	2	5
4	9	13	12	10	7	5	5	4	14	13	11	10	15	11	9	17	8	8
6	2	12	12	5	12	5	14	3	11	6	5	12	14	13	15	4	9	13
8	6	4	13	8	9	4	2	12	16	9	5	4	5	4	8	2	9	11
7	4	3	16	6	11	17	8	17	9	6	17	16	3	15	17	2	10	**12**
12	12	4	5	17	12	7	7	11	12	7	8	10	14	9	8	15	5	4
13	3	15	5	13	18	14	8	4	13	10	3	15	7	10	2	9	17	2
8	14	10	14	12	8	2	15	15	6	15	8	15	15	15	8	6	7	9
16	13	13	9	11	18	3	17	14	10	18	15	9	2	2	3	6	4	5
3	6	9	7	6	13	13	5	16	9	17	13	9	6	9	17	6	17	11
2	12	5	6	13	9	17	5	10	6	7	14	14	18	13	11	12	18	13
12	10	11	13	15	4	2	6	4	10	9	16	17	12	12	13	9	17	16
10	18	6	17	2	13	10	2	13	2	15	9	14	9	8	4	6	17	16
13	11	2	15	7	3	18	17	15	**5**	8	9	6	16	17	3	14	11	12

Solution on page 120

MATH MAZE PUZZLE™

A12002

10	5	9	2	18	9	2	12	9	8	18	2	4	6	10	18	11	10	14
2	4	2	16	18	18	6	7	11	8	14	15	4	4	11	14	4	5	2
5	7	18	7	2	4	8	13	5	6	8	7	8	6	2	11	13	6	7
2	8	2	15	11	8	8	13	7	10	15	2	2	17	13	2	2	15	10
3	3	9	17	17	15	9	12	15	17	14	9	10	3	7	16	2	8	14
7	2	15	7	14	8	11	12	2	15	4	12	8	8	2	2	10	14	5
3	14	8	2	17	15	10	17	2	3	14	7	16	7	9	11	3	5	2
8	11	6	2	2	2	18	7	9	11	18	17	6	17	10	4	14	12	9
3	12	15	15	15	11	18	6	3	2	5	7	10	8	18	10	14	5	14
2	13	13	9	14	13	2	11	5	3	2	13	15	7	3	11	10	8	16
11	16	4	13	3	5	9	9	18	16	10	5	5	3	15	9	9	11	10
11	16	12	10	12	7	16	10	2	14	17	8	3	14	6	17	17	13	4
9	17	18	18	3	15	18	2	9	9	8	7	12	7	14	16	8	7	15
7	8	16	3	2	4	10	17	7	11	17	17	10	4	13	14	2	8	13
3	3	6	3	6	2	3	8	17	11	6	15	8	14	10	11	4	17	2
2	2	15	18	5	9	8	17	6	5	16	10	3	17	3	6	2	8	12
11	10	12	4	16	5	11	3	13	14	9	10	8	7	2	14	2	14	14
17	13	3	6	5	16	11	8	13	13	5	16	16	12	8	2	3	3	2
10	5	15	8	14	12	6	6	3	16	17	3	12	11	16	11	5	8	7

Solution on page 120

MATH MAZE PUZZLE™

A12003

7	4	7	9	12	17	16	4	4	2	2	7	14	4	17	7	16	5	8
2	13	7	2	12	12	3	7	12	3	13	5	7	16	12	10	15	11	2
17	6	9	2	4	5	13	4	17	14	14	10	2	8	16	2	18	4	10
12	16	18	3	4	2	6	15	13	7	13	3	10	10	10	17	3	7	5
8	6	16	15	**4**	2	2	2	4	6	6	2	6	3	18	6	6	11	2
7	9	6	6	17	7	15	12	15	7	2	15	3	16	15	8	3	10	5
14	16	9	5	15	12	14	17	10	7	8	5	3	4	3	18	9	2	18
5	8	9	15	2	10	8	5	9	12	2	11	14	15	3	16	4	6	9
13	7	11	18	17	5	3	3	4	12	16	12	4	17	6	2	3	3	9
17	13	11	17	14	18	13	14	8	16	8	3	6	12	13	15	12	5	6
7	10	7	4	12	17	5	17	13	18	12	3	10	6	16	2	18	9	2
9	16	3	13	13	10	3	14	12	11	8	11	16	8	5	6	3	18	11
16	2	7	3	14	5	3	13	5	5	4	8	11	2	2	2	4	9	13
11	18	11	6	3	17	15	3	9	3	13	6	13	6	3	17	2	5	14
8	2	4	4	7	7	13	16	10	13	5	3	13	15	**6**	17	13	6	11
5	13	2	13	7	8	9	5	15	12	13	16	3	11	17	15	7	5	11
3	10	8	5	7	8	11	3	3	5	2	4	16	9	8	10	3	10	18
8	14	4	13	5	11	4	10	14	8	5	4	16	7	7	3	4	5	2
8	6	2	15	5	8	13	13	6	13	8	10	11	15	11	13	17	14	17

Solution on page 120

MATH MAZE PUZZLE™

A12004

14	7	2	12	15	8	8	6	10	11	3	6	17	13	3	2	5	2	10
5	3	12	4	18	4	17	8	13	3	3	4	5	4	5	2	3	9	12
12	4	14	8	6	4	9	11	17	2	7	5	13	6	15	5	3	3	9
2	6	2	17	13	14	3	8	5	9	17	8	13	7	18	13	10	4	3
10	16	12	9	3	12	2	2	14	5	7	3	15	5	10	10	5	5	12
6	3	10	5	11	15	13	16	9	16	2	14	8	11	13	10	7	16	9
18	10	2	16	14	5	9	7	2	5	12	5	2	6	6	5	16	6	17
2	3	14	10	8	17	16	15	8	6	9	11	5	2	16	12	14	12	17
9	7	15	3	8	18	13	17	16	7	2	7	3	6	14	2	16	10	13
4	9	18	9	9	9	18	3	8	9	8	6	16	11	2	7	4	6	17
5	16	8	6	3	10	10	13	2	6	5	5	15	4	13	2	9	2	7
2	13	9	9	5	8	14	13	2	4	15	5	6	16	8	2	17	7	3
3	2	6	18	6	5	12	3	4	14	11	11	17	7	6	8	5	17	13
3	17	7	16	5	4	2	13	11	17	9	4	15	16	12	3	3	14	14
9	7	9	9	4	6	10	3	3	2	6	3	3	2	6	12	7	2	14
2	14	13	6	2	5	16	2	9	11	8	7	18	13	3	7	2	8	3
18	2	5	3	2	17	7	5	12	13	16	17	4	6	2	12	14	11	17
4	13	3	10	3	3	5	3	13	5	12	10	11	8	6	9	13	13	9
14	9	8	2	4	2	2	3	8	9	8	9	14	8	18	10	13	10	8

Solution on page 121

MATH MAZE PUZZLE™

A13001

13	5	12	9	17	7	21	23	17	23	23	3	2	14	13	3	16	5	11
5	12	7	15	19	11	15	20	12	19	2	16	14	19	3	21	4	14	15
18	2	9	6	7	6	10	7	23	23	13	10	10	6	16	20	20	17	15
15	14	2	13	2	6	7	11	14	17	16	17	16	13	4	12	15	20	18
10	12	18	6	3	6	14	16	22	5	5	4	20	5	4	15	4	2	12
2	4	11	10	5	23	24	21	8	14	2	9	8	10	3	20	10	21	6
20	24	12	3	15	4	13	18	7	12	3	17	24	22	2	3	5	4	14
10	17	3	5	16	8	12	23	19	23	2	11	9	21	11	2	3	4	16
2	2	4	16	16	23	6	22	17	15	6	2	3	8	11	4	15	20	2
2	12	24	13	11	10	21	4	17	4	21	3	5	10	2	7	14	4	15
7	7	14	2	7	14	21	3	7	22	3	22	4	14	16	6	7	5	5
5	3	15	13	7	7	17	3	5	12	18	2	9	2	18	18	2	5	10
2	8	16	22	2	6	12	13	12	8	21	10	2	5	7	9	16	4	4
9	23	3	24	4	21	3	10	2	10	5	7	3	19	13	17	21	4	2
4	19	19	19	8	17	4	14	10	15	22	14	5	16	9	10	18	9	2
2	4	17	17	3	12	5	9	2	19	21	18	3	17	2	12	2	23	21
8	6	2	7	11	11	9	22	5	11	9	7	2	13	18	2	9	7	23
18	21	24	24	8	22	8	22	2	14	2	5	18	2	18	20	15	22	21
12	7	5	2	3	15	17	7	10	11	18	6	3	5	15	12	3	11	14

Solution on page 121

MATH MAZE PUZZLE™

A13002

13	5	8	6	2	6	12	5	7	23	23	3	2	14	7	16	21	5	11
20	12	7	15	19	11	15	20	3	19	2	16	14	19	8	21	4	14	8
21	20	11	6	7	6	10	7	4	23	13	10	10	6	18	20	20	17	3
15	14	17	13	2	6	7	11	14	17	16	17	16	13	11	12	15	20	3
11	12	23	17	7	6	14	16	18	5	22	20	2	20	2	15	4	2	9
9	4	11	10	5	23	24	21	8	14	23	9	8	10	3	20	10	21	6
4	24	20	8	6	4	5	5	10	12	19	4	15	22	22	20	14	4	3
23	17	13	5	16	8	2	23	19	23	5	11	2	21	11	2	5	4	5
21	15	10	16	16	23	3	22	17	15	24	22	13	19	22	15	24	20	15
2	5	11	13	24	19	18	22	17	21	12	3	3	16	10	13	4	4	5
16	15	17	21	9	14	23	12	20	10	2	22	10	2	20	2	10	5	3
21	3	15	13	7	7	17	3	2	12	21	13	3	7	19	16	2	18	16
9	19	23	22	10	20	19	13	18	12	10	2	5	5	15	3	12	5	19
9	23	19	24	4	21	3	10	3	10	2	7	10	19	6	17	21	4	4
17	19	7	19	3	17	23	14	6	2	8	14	15	16	21	2	19	11	23
3	4	20	17	12	12	5	9	2	19	21	18	3	17	2	12	2	23	12
9	6	3	7	20	11	8	2	6	11	19	7	18	2	9	24	21	7	11
18	21	24	24	7	22	8	22	10	14	22	5	18	2	6	20	3	22	21
24	2	12	4	8	8	16	24	16	8	2	11	13	10	3	12	7	7	14

Solution on page 121

MATH MAZE PUZZLE™

A13003

23	11	17	2	4	6	21	9	14	12	21	5	15	11	6	18	21	6	12
14	22	5	6	22	11	2	4	6	9	14	9	23	23	23	19	3	20	14
4	21	6	17	9	13	13	15	3	3	10	24	3	11	8	11	15	23	22
21	2	19	18	13	19	4	12	2	3	24	2	20	3	23	15	8	21	8
3	8	3	13	2	17	16	22	8	9	2	3	14	7	21	17	5	14	8
7	11	22	2	11	9	22	11	16	6	22	23	23	2	21	7	3	5	13
4	12	23	23	3	8	8	23	23	2	5	17	8	24	16	12	21	17	7
3	7	10	2	5	12	17	23	9	13	12	15	15	17	13	15	5	19	24
4	22	14	22	3	12	15	18	6	3	11	23	8	15	18	7	3	7	6
15	5	3	12	15	21	5	18	2	2	20	14	23	9	14	6	8	20	4
3	5	6	22	12	2	4	8	14	16	5	13	15	8	12	4	19	22	14
3	11	22	22	23	20	19	20	10	3	10	6	18	10	4	10	17	15	17
20	10	10	15	15	17	11	5	3	11	11	5	15	8	11	8	12	14	18
3	10	24	20	15	15	6	15	22	14	20	11	8	7	3	4	5	6	20
22	23	10	18	7	19	18	12	10	22	4	18	16	4	7	23	17	6	2
18	16	15	6	12	15	11	23	11	10	7	6	7	6	12	19	6	5	12
9	2	4	20	10	10	21	11	4	7	5	11	9	17	16	15	4	8	7
4	5	3	10	8	4	8	2	16	3	12	20	7	23	21	16	16	21	4
7	7	5	2	17	14	8	22	24	21	9	8	22	13	15	16	11	17	7

Solution on page 121

MATH MAZE PUZZLE™

A13004

16	19	23	17	6	10	16	20	8	5	15	9	24	5	20	12	8	2	4
8	2	8	8	13	16	8	17	9	23	8	4	4	17	22	12	4	14	14
2	11	22	2	11	3	8	6	8	11	18	20	5	4	5	8	14	23	24
15	21	13	6	19	3	4	8	9	10	5	4	23	21	13	3	11	23	14
23	7	18	4	13	24	12	17	17	2	11	2	8	9	23	9	2	6	8
19	9	21	14	9	20	14	7	6	15	5	22	15	3	9	15	3	11	3
3	2	6	19	10	2	8	13	17	2	20	19	8	23	24	19	5	7	24
8	14	2	16	4	24	2	7	11	21	2	11	10	7	2	17	16	9	18
24	8	4	2	6	3	10	7	2	10	5	15	20	2	22	12	2	3	6
12	3	15	8	23	10	2	2	18	16	23	15	3	14	5	6	17	4	21
2	22	17	15	2	8	5	21	11	18	15	12	17	19	14	5	19	5	3
4	19	2	4	11	3	13	7	9	4	24	23	7	16	21	9	2	23	24
20	5	15	18	22	4	18	10	15	4	3	10	10	8	2	12	21	12	14
2	4	16	2	3	7	18	21	15	16	12	5	12	9	11	23	16	20	10
22	10	24	6	4	4	23	15	24	20	4	7	19	6	13	13	5	3	15
2	18	2	7	2	4	2	11	2	11	3	21	5	15	5	10	22	14	2
24	2	22	5	8	17	4	12	12	18	12	2	24	7	18	12	18	19	17
12	12	20	13	2	9	23	4	2	20	19	3	21	11	21	10	9	12	7
17	7	24	22	6	2	3	2	6	19	3	3	12	6	21	15	3	8	24

Solution on page 122

MATH MAZE PUZZLE™

A14000

26	19	17	14	26	10	8	14	8	12	9	10	19	5	14	21	8	18	26
24	13	13	26	26	9	6	15	21	24	2	26	6	18	7	24	17	6	2
18	23	13	13	26	20	27	24	18	5	23	2	25	12	2	23	25	26	28
27	20	2	10	8	22	6	5	6	6	21	19	7	7	16	26	15	4	4
2	19	15	6	17	19	21	5	3	2	12	8	11	8	14	7	2	5	7
8	7	8	3	16	11	6	23	3	3	5	13	22	9	11	27	9	5	6
19	21	9	14	13	25	7	20	9	7	18	14	13	21	25	5	5	2	3
12	13	22	8	9	20	16	22	5	14	7	24	16	15	10	19	12	27	8
3	17	19	5	14	22	9	5	4	7	5	13	11	8	13	17	6	13	24
11	24	12	7	3	10	3	23	16	10	9	17	6	20	11	21	23	19	10
21	22	21	5	21	28	27	12	15	28	3	25	9	16	25	7	20	28	14
27	27	6	3	17	15	23	16	5	23	26	21	25	19	10	12	25	15	2
13	9	5	20	18	3	21	7	3	15	6	22	4	3	12	13	24	6	28
14	22	24	13	6	9	20	14	20	27	19	25	2	7	2	8	6	21	2
2	27	10	9	3	20	23	14	3	24	3	14	2	20	24	22	2	7	14
19	4	27	17	13	17	21	11	18	28	3	18	12	20	24	8	16	2	3
16	10	9	15	4	2	2	21	23	10	23	17	14	9	23	8	15	12	3
27	12	24	13	2	26	6	9	8	21	18	16	4	9	8	16	19	5	16
15	5	3	3	6	25	5	19	25	4	14	15	19	12	2	16	24	25	19

Solution on page 122

MATH MAZE PUZZLE™

A14001

2	24	3	8	4	12	17	28	2	**26**	9	20	8	25	6	24	20	21	10
18	4	14	5	19	4	28	7	10	2	8	4	4	2	2	3	6	3	18
2	10	5	23	9	3	7	21	16	3	9	14	3	16	6	23	7	19	10
9	21	14	10	28	14	2	13	26	23	24	11	16	8	10	6	16	2	8
3	5	8	19	21	21	19	2	21	21	20	5	18	3	7	24	23	23	6
6	27	3	25	15	14	14	25	27	27	12	11	23	6	17	12	24	28	17
4	13	13	5	24	3	7	19	10	9	2	19	13	10	24	20	13	4	13
2	18	25	23	13	25	9	4	19	25	6	9	27	28	9	15	24	24	18
8	15	22	12	16	3	26	5	14	5	3	23	22	2	14	25	6	3	10
16	16	20	21	2	7	13	8	21	3	18	22	24	19	13	2	13	20	**23**
3	21	21	3	5	13	2	21	11	27	18	10	15	5	13	5	5	4	4
4	7	2	15	28	2	26	26	12	19	25	2	15	26	7	27	5	17	27
9	4	27	17	2	20	18	9	2	12	7	17	25	26	21	21	4	21	3
25	27	15	27	14	3	17	3	20	13	8	19	19	3	15	5	3	23	9
24	3	20	15	11	5	16	6	5	10	9	24	8	2	3	6	14	5	17
27	26	13	13	12	4	8	18	25	3	5	4	20	21	5	23	17	9	26
6	26	10	20	16	9	14	20	5	4	5	25	2	20	22	26	10	8	25
3	17	12	8	6	26	25	5	5	5	25	4	22	5	27	2	4	12	8
24	11	3	11	19	22	15	24	3	4	2	2	13	15	2	13	6	14	18

Solution on page 122

MATH MAZE PUZZLE™

A14002

24	10	24	6	21	6	9	23	15	13	9	4	2	8	10	24	2	22	28
18	2	9	2	18	21	21	20	10	18	24	17	24	3	14	6	23	14	6
15	16	3	11	3	14	22	15	23	7	2	13	9	24	20	4	16	8	18
3	20	7	3	21	12	6	11	17	8	12	17	8	20	12	5	21	2	4
5	4	3	25	20	4	7	11	4	26	4	15	13	7	14	4	12	16	13
15	9	4	12	26	2	13	27	13	10	3	18	21	9	18	26	10	26	26
3	28	2	7	13	4	27	27	22	5	4	13	13	25	23	4	22	28	23
12	7	8	6	2	14	15	25	23	21	4	2	8	7	19	8	13	22	5
2	27	3	14	3	21	25	2	3	7	11	13	5	18	28	24	14	19	7
24	23	24	9	11	13	2	25	21	25	15	7	22	21	13	17	7	22	19
28	23	14	21	3	7	2	14	7	7	26	6	2	4	3	11	4	28	16
25	14	26	21	14	9	14	27	7	9	16	23	11	20	15	16	18	4	3
8	16	9	10	2	21	21	27	2	6	2	28	2	13	27	25	4	13	6
12	8	11	24	20	13	25	27	5	18	8	14	22	25	17	3	14	5	9
21	16	3	20	22	24	14	23	2	13	12	9	26	24	15	27	9	20	20
5	28	26	24	8	12	14	9	10	27	2	22	24	18	2	26	28	3	26
24	28	7	4	2	8	28	17	3	3	3	8	2	28	18	12	2	22	8
23	2	10	26	7	15	11	24	13	8	5	16	22	2	11	15	26	19	13
20	14	7	2	15	23	9	14	3	11	9	8	8	18	26	2	21	11	9

Solution on page 122

MATH MAZE PUZZLE™

A14003

9	7	8	7	14	22	7	6	14	14	7	2	26	17	4	9	4	4	10
10	5	13	10	20	19	17	5	9	8	19	12	12	24	15	8	9	19	13
20	14	23	8	27	25	19	19	24	5	23	24	12	2	14	4	16	14	28
24	11	9	26	15	18	18	12	20	8	5	16	15	2	27	14	21	5	20
17	5	2	4	2	6	11	2	19	19	20	9	5	4	20	15	11	8	20
2	13	26	17	11	7	8	6	4	10	6	12	16	7	14	9	2	2	19
26	10	13	19	25	10	2	17	20	12	14	22	6	28	15	16	26	10	8
28	23	2	10	15	15	19	20	15	4	25	20	9	27	26	10	21	7	4
24	10	9	7	26	23	10	24	19	25	10	2	4	6	3	2	4	6	11
4	13	11	22	6	14	25	22	6	2	19	14	7	4	26	8	8	14	3
19	26	14	10	7	4	10	17	23	9	9	2	11	13	2	26	3	20	2
17	8	25	24	16	19	10	13	24	4	8	2	14	21	2	2	10	4	25
14	22	9	19	7	17	2	9	3	6	15	4	4	16	13	28	20	24	10
3	5	8	9	13	17	21	3	25	6	14	21	13	10	10	7	11	2	15
8	23	3	25	24	3	16	27	26	12	6	2	13	26	16	4	8	12	3
24	26	12	26	8	26	26	5	11	5	24	11	2	5	7	7	14	9	5
4	3	2	8	14	23	8	22	6	16	12	7	12	19	8	3	6	21	18
10	28	7	4	27	3	16	14	8	12	2	7	14	25	19	20	18	26	17
22	13	10	27	27	10	16	24	3	4	23	3	2	10	4	13	12	7	21

Solution on page 123

MATH MAZE PUZZLE™

A14004

18	5	13	7	20	8	13	10	23	23	18	15	6	15	18	13	12	4	3
8	4	2	28	4	2	23	25	16	7	26	5	6	9	11	14	23	16	10
18	17	8	26	24	4	28	4	7	4	27	7	5	5	2	2	19	20	21
26	16	16	2	8	4	2	14	7	24	24	2	9	26	14	28	10	8	17
13	27	16	18	22	13	3	13	19	10	27	9	10	25	28	25	10	24	22
2	3	6	10	27	26	5	17	3	20	24	25	11	13	17	7	18	10	15
23	25	4	27	15	23	4	16	21	18	16	7	6	17	15	7	17	11	22
12	10	2	20	8	3	9	3	3	15	22	6	21	8	10	9	23	2	14
16	8	5	8	20	23	19	10	2	14	2	13	22	28	28	15	9	20	3
28	16	2	10	20	8	26	11	5	3	5	27	22	17	13	9	24	14	7
8	2	12	4	10	20	24	24	4	4	2	9	19	20	23	3	23	15	3
20	4	24	20	3	14	20	11	9	6	17	7	14	19	3	19	12	6	10
7	3	4	2	2	12	4	2	5	19	22	19	24	14	14	28	17	5	16
4	23	24	25	14	21	5	18	5	15	9	5	28	2	26	2	13	2	26
28	14	9	17	28	22	5	26	26	20	5	13	26	17	14	4	24	16	8
2	16	25	6	12	18	25	4	8	2	8	4	2	14	16	25	5	9	6
14	15	2	8	16	20	8	22	23	12	4	4	3	20	17	4	15	28	15
11	26	6	6	24	13	17	2	15	13	2	23	4	25	17	2	8	26	8
25	5	12	5	17	11	6	21	14	7	17	11	24	16	7	20	13	26	15

Solution on page 123

MATH MAZE PUZZLE™

A15000

37	7	39	15	23	13	19	45	41	21	35	39	36	29	10	10	40	34	37
21	25	33	24	34	2	24	37	41	17	30	46	31	45	17	31	8	32	35
11	41	20	22	34	41	38	9	6	40	7	20	35	41	35	17	41	32	33
47	26	23	13	10	46	40	18	6	8	11	19	29	9	34	13	6	37	40
13	33	8	8	37	10	45	45	41	32	5	22	35	29	41	4	20	41	39
31	39	42	35	39	46	2	37	20	42	29	11	48	11	5	21	6	31	27
4	20	46	6	6	12	45	48	39	11	43	12	33	45	2	30	2	31	37
25	25	48	7	34	13	24	14	26	34	11	35	38	8	19	18	23	5	13
19	42	22	6	20	40	33	7	36	48	24	34	40	2	42	30	24	22	32
18	16	17	20	19	21	36	34	22	39	23	14	37	5	32	30	2	48	**5**
5	15	36	17	47	14	40	31	25	8	7	37	44	22	28	26	6	12	5
23	16	5	48	30	47	11	18	30	20	30	7	20	32	28	16	12	6	25
3	19	40	13	6	9	46	20	36	4	5	4	6	23	4	15	26	19	21
20	5	4	2	2	44	46	44	2	27	6	6	26	8	24	12	2	23	46
45	16	12	6	5	35	47	44	15	11	2	4	25	44	32	35	5	46	39
42	7	6	16	22	17	5	6	30	5	3	3	25	45	45	47	32	34	21
6	44	23	42	39	40	20	3	6	17	3	5	29	48	22	42	22	26	13
36	6	42	21	2	44	46	2	48	8	6	10	33	38	24	43	12	35	21
12	2	22	24	45	42	43	23	5	12	24	13	34	36	29	37	36	15	40

Solution on page 123

MATH MAZE PUZZLE™

A15001

5	29	17	37	37	25	11	31	25	40	23	47	43	22	43	38	23	41	16
2	3	28	13	44	38	42	30	36	42	47	32	16	17	16	43	6	40	11
3	47	23	38	42	34	10	29	39	16	4	24	28	26	2	27	15	10	5
14	48	37	6	5	16	8	36	3	18	6	11	18	33	13	7	5	10	45
42	46	30	15	4	2	2	22	13	12	24	15	39	13	26	23	3	33	33
6	4	10	34	4	3	41	4	3	3	25	15	47	44	3	14	20	40	42
7	20	27	32	16	2	32	44	39	3	13	8	5	6	30	47	9	23	30
18	47	9	45	20	38	29	21	3	21	5	25	40	42	2	40	32	15	21
41	2	3	4	33	4	3	7	21	10	41	23	12	32	15	47	46	47	18
29	11	21	40	22	9	4	15	12	25	42	10	22	45	5	9	36	46	5
4	41	24	2	48	41	7	38	21	34	23	36	4	22	3	20	41	34	32
14	23	44	38	29	29	25	28	38	22	15	30	25	40	4	17	46	16	14
19	16	43	39	14	48	13	45	18	25	16	11	17	5	12	14	26	33	23
12	6	45	25	8	20	39	25	41	13	46	14	7	20	25	31	19	38	14
19	46	31	20	14	16	35	35	34	39	5	6	30	5	25	33	45	23	22
23	39	14	30	31	8	47	2	37	38	3	9	15	48	16	23	21	16	2
32	23	6	15	41	10	11	22	4	2	2	11	15	5	18	46	10	42	44
21	8	22	3	5	23	45	10	2	3	14	28	44	36	37	19	45	21	11
22	11	2	15	17	3	14	8	6	32	5	12	30	10	29	13	39	45	4

Solution on page 123

MATH MAZE PUZZLE™

A15002

27	31	41	26	37	3	40	2	38	18	20	10	2	44	46	12	34	7	27
28	14	18	17	3	18	11	12	31	2	24	19	28	23	46	18	17	9	5
12	3	**36**	25	34	3	12	36	35	9	9	9	9	39	14	6	8	4	32
3	27	40	16	12	26	18	30	24	2	25	37	36	42	2	16	44	41	15
36	4	40	13	22	29	17	9	9	18	44	11	10	44	7	12	12	2	24
39	23	3	39	2	26	43	4	43	11	29	11	46	21	2	35	3	3	13
30	12	37	7	44	3	2	5	15	5	3	22	39	20	14	7	9	36	11
23	17	35	27	46	44	40	6	32	36	13	9	18	48	3	12	7	45	8
35	7	5	2	3	11	33	14	47	26	39	38	7	6	42	12	2	36	3
7	3	2	35	31	29	12	8	35	3	34	20	2	22	34	3	2	31	2
7	45	10	2	20	28	12	13	25	5	5	25	9	2	11	7	4	29	5
28	37	23	3	21	3	2	47	30	46	9	13	15	33	40	31	13	28	29
48	45	3	38	41	12	24	2	12	10	2	20	**40**	45	36	5	31	3	34
2	17	41	18	46	26	35	9	35	12	46	31	26	4	2	18	3	36	13
46	2	48	27	13	18	29	22	2	40	5	28	15	12	38	10	48	27	7
43	46	11	32	34	30	28	29	33	31	45	44	8	6	7	9	6	36	18
41	4	37	13	47	40	37	34	27	3	9	3	3	2	5	3	8	2	29
7	31	13	16	36	2	21	29	9	9	11	14	26	23	33	12	31	12	27
34	2	17	2	34	14	48	16	3	8	28	22	6	7	42	6	7	6	42

Solution on page 124

MATH MAZE PUZZLE™

A15003

41	22	19	11	2	8	19	34	44	32	44	32	31	14	45	22	8	32	42
5	5	2	21	30	4	5	44	25	17	3	35	3	39	2	28	18	23	21
8	8	38	43	2	25	31	8	34	23	37	6	28	43	47	34	29	8	21
26	31	21	34	2	4	41	24	10	41	35	39	18	21	28	41	20	7	10
39	20	17	28	4	9	36	37	14	29	30	44	10	22	19	10	9	42	18
42	12	10	46	7	9	17	2	7	9	47	45	2	33	23	29	39	3	13
2	37	7	43	11	4	38	6	28	45	27	43	12	11	23	46	10	8	3
23	5	4	33	4	27	8	19	24	13	16	13	24	2	10	34	44	33	12
6	6	11	4	44	6	25	25	8	20	11	32	34	5	33	21	43	45	22
33	25	13	9	31	3	15	9	29	26	34	27	20	35	31	11	25	44	10
39	32	42	40	9	11	39	13	3	47	38	33	24	25	2	24	48	2	24
25	2	10	19	38	12	8	41	24	32	18	45	45	45	47	11	10	34	3
33	22	14	18	37	10	47	19	27	22	5	39	44	27	17	2	34	32	8
15	30	22	46	25	41	14	36	29	19	23	44	12	23	3	6	28	7	6
2	24	48	4	12	5	9	16	9	31	9	38	21	9	30	11	6	9	48
2	43	12	45	4	3	32	17	41	20	26	33	43	46	5	23	5	8	33
4	3	7	2	14	41	17	36	37	20	4	16	3	44	5	6	30	13	15
10	37	35	21	4	45	37	46	5	8	32	47	9	33	7	2	4	20	3
17	11	6	3	18	13	8	4	28	46	19	38	42	44	35	7	5	9	45

Solution on page 124

MATH MAZE PUZZLE™

A15004

31	14	4	39	14	25	45	41	26	19	46	38	8	44	23	4	10	21	**32**
45	16	34	31	30	8	9	24	43	3	2	27	5	34	4	42	32	6	12
17	21	4	38	30	37	2	38	33	20	23	46	40	7	33	15	48	4	44
43	7	42	16	5	8	31	27	44	8	18	6	19	17	32	20	31	38	15
6	35	3	34	42	23	47	4	37	14	5	43	26	5	35	28	6	46	41
34	32	12	33	17	11	33	8	7	33	5	44	37	7	11	42	42	45	27
28	25	25	28	16	30	3	27	32	24	25	20	5	16	43	24	37	6	43
37	3	36	35	33	34	42	36	4	5	41	46	2	5	19	43	17	7	14
31	22	27	45	48	18	3	12	46	25	21	7	3	30	17	42	46	7	25
43	8	25	45	47	33	39	28	43	39	20	12	30	45	39	21	28	29	30
10	22	26	2	46	5	40	10	3	12	36	9	45	19	26	48	37	7	36
2	3	34	29	16	17	2	32	47	37	11	27	6	23	7	43	22	10	31
7	38	46	28	26	43	10	4	14	7	2	3	5	9	33	25	11	37	45
24	10	19	48	27	16	2	17	23	32	19	13	14	21	11	10	28	26	17
47	31	**16**	6	27	11	20	9	11	2	22	43	19	16	3	45	41	19	41
2	13	26	8	30	8	25	35	23	9	9	21	43	24	7	18	33	10	5
45	44	36	6	6	20	26	15	41	18	13	37	9	35	27	9	15	11	22
9	28	23	41	45	19	31	8	32	12	3	19	16	3	35	46	30	7	14
5	8	13	34	34	2	10	39	9	30	39	8	39	43	17	10	21	12	16

Solution on page 124

MATH MAZE PUZZLE™

A16000

4	60	42	53	16	52	39	17	42	6	41	27	57	56	24	40	22	44	40
2	28	2	49	29	23	48	41	29	30	50	16	59	26	19	16	28	15	43
2	22	5	58	35	51	58	40	34	42	17	26	23	8	36	28	5	46	51
3	43	51	42	22	56	22	34	55	23	47	6	37	12	56	39	9	3	3
6	2	4	29	33	52	27	13	15	55	52	6	7	36	39	6	45	26	17
49	11	2	11	11	45	13	34	46	40	59	37	12	45	3	46	56	29	9
30	3	22	20	3	20	60	20	3	32	35	5	7	33	13	15	5	3	8
41	6	26	9	14	15	28	54	13	19	36	5	3	20	24	51	8	49	7
40	47	17	53	37	15	60	21	39	58	44	48	21	16	37	17	13	8	5
43	13	26	5	54	50	33	15	9	26	36	22	13	2	48	59	24	52	9
19	30	39	40	43	6	41	20	2	44	44	33	5	9	45	35	10	35	45
30	26	16	12	13	13	46	26	37	4	9	38	45	55	31	39	12	60	49
36	46	13	38	15	27	43	4	27	24	54	6	35	52	14	30	2	18	36
3	55	26	22	43	25	39	52	52	54	44	22	41	5	12	30	7	9	6
20	34	52	4	3	50	22	25	48	43	53	34	34	56	26	12	14	9	42
57	22	49	5	25	45	39	38	35	44	18	38	58	40	2	18	17	15	2
6	30	23	11	35	22	45	17	18	3	37	54	25	58	13	54	18	11	21
6	43	35	13	45	39	9	39	19	11	4	48	24	16	7	26	34	56	10
40	46	27	17	42	43	8	29	45	19	55	53	51	27	28	53	22	34	11

Solution on page 124

MATH MAZE PUZZLE™

A16001

6	5	11	30	57	40	17	3	51	15	32	22	4	33	7	9	16	38	54
22	32	3	11	3	6	16	37	17	12	37	21	22	13	3	37	50	23	16
59	45	33	14	19	53	9	3	3	23	27	54	2	2	4	10	55	32	25
32	35	43	17	40	14	4	49	54	19	21	37	3	54	21	48	16	32	47
22	2	11	8	3	2	5	22	34	10	3	3	6	46	46	3	5	26	26
37	35	12	54	47	37	32	2	13	16	6	60	55	21	28	13	18	2	33
59	5	54	18	3	3	9	10	19	10	9	11	16	43	49	40	13	34	13
22	23	14	49	31	17	29	32	33	58	56	39	52	60	59	10	49	15	8
31	57	22	53	32	10	46	21	15	14	57	50	42	60	13	14	38	31	53
45	20	15	32	51	18	18	47	15	53	9	21	60	39	17	45	54	18	43
20	55	22	34	28	40	51	43	16	12	30	29	5	14	12	51	40	42	35
2	50	33	23	35	7	39	25	54	2	32	17	21	52	4	18	15	28	41
26	9	58	39	33	40	57	2	25	50	51	46	36	38	53	30	56	20	19
21	5	8	57	10	25	7	22	17	12	50	15	36	51	52	56	34	17	16
31	44	50	32	46	54	13	44	53	38	7	31	39	2	8	29	6	11	17
27	38	16	57	15	26	21	11	38	34	16	50	16	10	2	34	24	41	41
9	32	44	50	28	26	8	4	2	8	59	21	6	8	6	34	19	17	17
19	14	36	44	53	53	49	25	54	37	56	28	59	15	30	30	13	51	2
56	41	47	31	20	54	4	60	13	45	30	6	5	25	4	48	45	9	22

Solution on page 125

MATH MAZE PUZZLE™

A16002

36	9	4	2	2	5	25	2	50	9	59	2	11	5	6	18	36	31	5
11	9	54	56	10	21	2	3	9	31	12	56	43	10	22	20	2	42	21
40	27	23	44	20	3	23	35	19	28	47	7	54	16	39	36	18	2	16
42	22	49	14	49	10	54	39	4	28	35	12	48	31	42	43	45	57	48
2	24	28	12	36	14	59	12	30	47	39	26	4	30	17	55	3	11	33
13	6	54	17	40	4	26	41	10	30	6	23	19	52	45	22	3	21	11
17	56	55	27	40	43	26	14	16	15	48	51	58	15	43	34	9	49	3
18	17	8	59	24	32	27	57	19	27	44	6	35	44	50	55	35	53	3
3	3	9	25	34	39	54	33	52	41	49	32	23	35	57	2	59	53	6
17	33	37	27	17	53	43	28	26	28	17	56	15	33	55	47	49	3	55
51	11	4	2	2	28	20	41	2	2	4	34	38	29	2	2	4	18	40
3	8	3	38	53	27	59	50	56	4	35	21	17	18	48	31	3	4	50
17	45	12	3	15	4	60	2	58	18	40	41	36	57	44	25	7	26	2
32	17	7	44	42	37	55	56	35	58	15	39	8	35	31	52	4	35	46
49	55	8	21	18	48	59	15	12	48	3	50	20	55	56	50	11	2	40
7	40	9	10	8	32	19	14	23	8	23	48	35	31	42	52	6	52	25
7	22	16	35	3	39	57	14	54	24	58	18	50	54	33	44	5	2	10
4	58	12	51	4	2	37	22	52	52	22	26	29	51	34	37	40	43	3
3	39	24	35	36	6	7	30	32	56	33	36	52	13	35	60	12	41	7

Solution on page 125

MATH MAZE PUZZLE™

A16003

6	60	5	50	15	35	33	55	12	**43**	4	42	60	45	48	13	5	56	43
10	2	8	35	17	21	15	5	45	4	6	4	50	54	44	58	41	56	55
35	4	45	58	31	14	3	11	37	56	28	31	35	52	45	7	19	23	19
45	2	53	5	58	26	37	29	43	59	27	27	33	27	5	23	5	56	39
3	2	42	52	42	26	13	5	28	4	53	58	5	46	44	56	8	23	55
15	29	43	8	16	38	8	41	46	11	57	3	19	12	42	17	33	24	42
29	58	2	60	8	55	33	54	3	43	41	28	3	33	38	26	44	25	3
44	4	11	30	2	33	35	29	49	7	59	2	57	2	38	2	19	13	6
40	28	3	48	37	22	5	51	5	22	8	36	37	42	10	44	41	35	10
9	2	33	20	21	4	7	2	44	34	51	6	57	9	48	35	54	20	**60**
46	56	3	29	2	14	2	28	30	24	46	53	59	35	39	56	53	54	13
55	5	11	46	9	12	5	9	14	10	57	50	47	48	43	26	52	5	55
38	19	8	36	27	52	28	36	13	6	36	35	42	30	53	46	14	53	45
55	12	7	56	44	48	12	56	40	5	55	34	11	5	45	57	21	28	43
14	31	7	57	35	5	2	7	27	51	40	17	29	39	8	39	20	20	35
8	9	43	44	28	32	19	3	44	42	17	31	5	9	20	18	58	46	40
13	56	22	47	10	37	2	21	26	37	43	37	55	50	15	43	20	12	22
35	24	10	8	17	2	37	2	49	9	16	25	37	35	11	31	40	13	35
41	8	38	55	5	11	19	42	2	**21**	31	5	56	35	34	12	12	54	4

Solution on page 125

MATH MAZE PUZZLE™

A16004

30	12	45	4	41	9	27	8	35	31	23	8	16	25	12	40	48	20	18
2	29	9	52	5	32	53	59	29	36	36	2	18	2	14	59	47	31	7
60	12	5	7	36	45	51	45	6	4	57	4	16	51	16	5	36	43	11
7	2	14	57	9	57	14	60	55	18	24	2	27	12	17	31	39	56	7
7	3	11	52	4	33	37	15	5	20	10	2	40	51	2	11	5	47	4
49	25	3	16	29	35	27	5	42	2	48	14	38	57	2	50	60	10	23
49	42	2	15	12	5	4	20	26	38	15	23	13	36	48	39	2	10	27
14	9	5	4	30	2	26	6	48	2	56	11	31	16	48	16	32	41	9
40	30	3	33	11	3	12	30	11	19	42	18	12	20	48	6	8	5	3
54	15	41	57	46	53	25	2	48	4	23	2	57	11	8	37	23	12	35
55	15	5	3	11	33	27	60	38	50	57	22	12	9	3	3	16	48	34
15	33	2	43	11	59	20	30	47	3	16	55	42	33	8	20	3	7	7
14	44	58	2	60	20	40	47	37	21	25	59	57	34	18	58	3	55	27
8	48	30	48	36	17	3	22	4	11	11	57	9	8	58	29	4	13	24
22	6	17	33	40	55	43	32	32	4	8	6	48	16	8	2	55	57	3
21	15	45	3	44	17	33	28	6	9	17	57	42	48	33	52	3	3	6
43	59	29	27	46	22	10	16	26	12	11	3	23	55	7	48	22	19	18
6	24	32	11	3	56	23	33	2	54	46	39	45	5	3	10	17	10	3
49	17	10	17	24	58	33	5	28	12	48	60	49	11	38	58	2	29	54

Solution on page 125

MATH MAZE PUZZLE™

A21000

28	10	26	19	36	15	45	47	35	47	47	7	4	29	15	34	43	11	24	18	40
26	26	15	31	39	23	32	41	25	39	4	33	28	40	17	44	8	29	30	40	26
2	10	20	24	14	14	12	20	14	3	47	48	26	3	20	21	13	38	42	42	35
22	33	3	30	29	35	27	4	13	14	23	28	36	32	35	34	27	24	25	32	42
39	41	23	2	46	2	44	15	29	17	46	46	10	46	41	5	41	4	31	8	4
40	2	6	27	19	8	24	20	11	49	21	43	16	29	47	19	16	21	7	41	20
15	5	3	23	13	3	10	5	50	2	25	27	38	15	25	24	35	16	47	45	42
3	16	8	7	13	47	35	2	27	10	34	16	24	47	40	48	22	23	18	43	23
5	14	24	2	26	47	44	32	21	33	33	47	13	47	35	31	21	45	11	40	45
2	17	42	41	26	23	50	5	10	23	27	49	39	38	47	35	43	33	6	11	21
3	40	39	37	22	38	29	34	31	36	44	19	2	29	49	25	3	45	42	46	9
5	46	25	26	35	49	15	15	45	7	31	28	14	15	2	36	6	35	25	45	27
8	3	5	44	30	38	3	33	39	36	48	18	39	47	46	22	41	39	26	37	16
24	34	8	34	15	49	14	30	35	35	43	19	48	40	49	8	44	6	20	47	20
50	10	40	39	18	39	2	2	29	19	8	44	38	21	36	39	15	40	6	36	49
5	22	16	31	26	23	23	35	23	7	17	43	14	27	39	7	9	41	36	25	24
10	6	4	33	19	42	42	5	47	4	43	7	10	17	27	9	3	6	15	43	24
17	10	2	24	12	21	2	20	4	45	6	23	3	28	29	37	43	50	50	14	45
24	3	8	45	50	34	40	7	2	2	49	7	7	23	13	40	46	5	41	37	45
7	13	9	15	3	10	2	3	9	5	20	46	50	10	15	31	25	19	19	12	6
17	2	34	2	17	3	20	5	39	43	13	5	34	12	10	38	15	50	22	2	44

Solution on page 126

MATH MAZE PUZZLE™

A21001

28	10	26	19	36	15	45	47	3	11	33	7	4	29	15	34	43	11	24	18	40
42	26	15	31	39	23	32	41	2	39	4	33	28	40	17	44	8	29	30	40	26
26	43	41	24	14	14	12	20	5	5	25	14	39	3	20	21	13	38	42	42	35
22	33	24	30	29	35	27	4	13	14	23	28	10	32	35	34	27	24	25	32	42
3	16	48	22	26	2	13	15	22	2	11	18	29	46	41	5	41	4	31	8	4
3	2	6	27	19	8	8	20	11	49	49	43	16	29	47	19	16	21	7	41	20
6	21	39	23	12	9	5	3	2	12	7	27	38	15	25	24	35	16	47	45	42
29	16	36	7	38	47	35	2	27	10	34	16	24	47	40	48	22	23	18	43	23
35	14	49	40	2	5	7	32	21	33	22	2	11	4	44	4	11	20	31	5	36
41	17	7	41	47	23	2	5	10	23	2	49	39	38	47	35	43	33	6	11	4
14	40	7	7	49	38	9	34	31	36	11	2	9	5	45	25	3	45	42	46	9
7	46	25	26	35	49	5	15	45	7	31	28	14	15	2	36	6	35	25	45	27
2	19	38	23	15	3	45	33	39	36	48	18	39	47	46	22	41	39	26	37	16
24	34	13	34	15	49	14	30	35	35	43	19	48	40	49	8	44	6	20	47	20
45	35	40	39	18	39	2	2	29	19	8	44	38	21	36	39	15	40	6	36	49
3	22	16	31	26	23	23	35	23	7	17	43	14	27	39	7	9	41	36	25	24
40	46	41	33	19	42	17	23	19	50	43	7	5	45	46	19	13	6	15	43	24
2	10	33	24	12	21	37	20	4	45	39	23	43	28	29	37	43	50	50	14	45
20	21	7	45	50	34	10	7	9	2	7	43	24	23	13	40	35	23	25	37	45
10	13	9	15	3	10	38	3	3	5	6	46	50	10	15	31	25	19	29	12	6
2	7	9	2	11	21	32	5	27	43	13	5	34	12	10	38	15	50	44	5	2

Solution on page 126

MATH MAZE PUZZLE™

A21002

48	47	13	3	15	42	24	42	15	38	19	21	12	39	6	48	19	2	17	2	15
12	40	29	10	37	11	8	9	40	37	39	28	32	13	41	23	17	41	19	23	50
36	6	6	49	36	12	3	35	2	29	42	33	10	14	20	23	2	38	45	16	18
16	22	13	27	21	13	17	35	6	42	29	16	29	10	46	15	3	34	44	27	16
49	9	19	4	15	29	48	16	3	19	3	8	24	40	11	43	6	17	20	36	5
21	30	7	25	9	26	5	40	6	43	46	23	12	30	22	16	8	16	29	13	12
3	46	35	21	6	3	3	6	18	46	18	9	2	45	35	23	48	41	7	6	42
38	9	44	27	40	47	24	27	36	47	18	34	8	44	12	20	9	27	31	43	2
50	35	33	46	34	27	10	13	43	32	36	17	15	45	49	15	38	32	44	23	21
24	45	7	39	35	22	31	29	22	14	4	26	27	28	5	24	11	5	4	21	14
49	46	48	46	2	2	4	46	50	41	9	23	2	30	21	29	13	35	40	2	20
32	31	15	22	23	35	41	5	15	39	3	10	21	28	31	20	22	19	2	49	10
4	5	33	11	3	6	18	28	15	34	14	14	28	7	4	2	2	43	13	29	2
18	22	8	19	36	20	2	30	43	47	7	48	33	30	29	19	31	12	16	38	23
28	12	40	18	22	11	36	14	11	35	2	15	49	29	29	21	33	2	31	7	46
11	43	17	25	26	5	12	29	38	28	2	2	29	28	29	5	33	30	20	15	2
17	33	50	47	48	32	24	12	2	2	4	3	8	15	21	34	19	36	11	33	44
17	32	6	11	2	13	34	27	29	16	25	36	40	43	27	41	47	9	26	4	15
11	4	44	22	24	2	48	46	23	6	13	22	28	34	16	12	39	2	25	38	34
16	32	5	27	30	34	16	20	30	41	18	27	13	3	41	44	14	4	36	50	43
27	36	9	37	38	39	32	46	21	46	14	38	20	35	41	12	38	18	27	39	10

Solution on page 127

MATH MAZE PUZZLE™

A21003

34	7	47	4	30	46	20	40	3	6	18	14	32	20	12	24	23	2	46	46	38
15	50	26	21	35	42	47	39	10	9	6	9	49	45	3	9	9	45	2	19	42
4	11	42	40	16	22	8	32	13	23	36	18	2	44	4	8	32	4	48	4	12
41	42	12	38	8	35	21	37	14	44	15	12	2	33	8	14	10	46	45	37	2
3	15	43	49	17	26	3	47	3	7	43	20	4	7	28	23	5	22	25	9	24
18	2	20	25	30	21	43	11	45	40	40	15	50	47	10	10	9	15	31	34	23
49	21	28	39	11	30	23	40	24	2	48	2	50	32	32	30	45	28	49	2	47
23	7	5	34	4	24	36	38	2	40	24	12	36	9	16	45	9	14	20	32	10
26	12	33	45	33	33	25	13	12	34	28	2	14	16	32	15	5	49	29	4	43
9	9	3	23	22	11	2	13	43	6	7	4	11	42	50	18	4	10	2	38	5
17	49	30	49	47	17	50	49	43	20	4	14	38	3	35	15	20	47	27	20	38
28	7	2	18	43	4	5	26	14	18	3	29	2	40	37	9	38	42	3	35	43
5	33	28	43	38	4	10	43	49	35	7	10	19	16	20	46	4	5	9	31	3
26	19	2	16	12	17	7	3	49	28	5	11	7	28	28	44	42	43	7	16	2
25	48	14	2	7	4	3	12	29	10	2	13	26	13	24	33	46	32	44	7	43
34	17	25	9	39	9	39	49	19	50	41	45	18	44	40	20	9	2	3	9	38
36	24	12	8	4	45	35	7	5	34	3	22	24	36	22	15	37	6	37	10	48
13	6	44	48	42	9	19	18	19	43	12	15	20	8	15	30	22	37	26	44	41
49	30	36	10	46	50	44	22	2	30	24	48	42	5	37	45	21	14	39	18	31
7	49	9	27	3	34	11	42	3	11	29	17	39	15	10	36	32	38	32	43	4
7	28	4	16	20	16	4	20	5	3	15	5	3	28	32	42	38	5	7	5	27

Solution on page 127

MATH MAZE PUZZLE™

A22000

37	14	34	26	48	20	59	62	46	63	62	10	5	38	19	45	57	14	31	24	52
20	34	20	41	52	31	42	55	33	52	5	44	38	52	23	58	10	38	40	53	34
17	4	21	31	18	19	15	27	19	4	62	63	35	4	27	28	17	50	56	56	46
30	43	3	40	39	46	36	6	17	18	30	37	48	43	46	2	45	36	31	33	42
36	52	7	5	35	3	38	2	19	3	57	45	61	14	61	54	7	54	5	42	11
50	53	2	7	36	25	11	31	27	15	9	65	57	21	38	62	25	21	28	10	54
11	2	22	51	60	2	62	2	60	6	66	16	10	36	50	20	33	32	46	21	62
10	24	3	22	2	9	50	62	46	2	35	13	45	21	32	62	53	63	29	31	24
21	12	66	4	62	32	53	37	62	58	43	28	44	44	63	17	62	46	40	28	59
2	41	28	54	22	55	55	35	30	66	7	14	30	35	65	51	51	61	47	57	43
19	9	52	19	53	51	48	29	51	38	45	40	47	59	26	2	38	64	34	4	59
14	36	10	56	60	33	34	47	64	20	20	59	9	41	37	19	20	2	47	7	46
33	27	6	54	15	29	33	58	40	50	4	44	51	47	64	24	51	62	61	29	55
58	23	2	39	31	45	2	17	45	20	65	19	39	46	46	56	25	63	53	65	11
59	56	3	28	55	60	47	52	52	24	51	2	3	3	39	25	11	59	50	27	47
2	28	10	37	30	52	5	29	21	41	34	31	31	46	30	10	23	57	18	35	51
57	6	63	60	39	27	40	13	53	11	64	25	22	2	11	3	33	57	9	6	60
65	59	2	63	28	62	2	30	23	14	2	32	11	28	49	26	3	60	52	30	56
42	19	61	61	58	52	42	9	26	27	66	33	2	44	13	10	11	43	54	57	32
14	28	22	32	65	44	11	39	13	17	12	20	4	14	51	4	13	7	6	61	66
3	8	24	2	48	17	31	17	62	37	23	50	28	28	10	7	51	56	60	10	6

Solution on page 128

MATH MAZE PUZZLE™

A22001

46	31	48	44	60	59	35	48	50	31	65	39	25	45	39	24	42	64	62	4	66
23	31	30	24	9	4	38	4	10	41	64	25	8	25	65	45	44	18	31	25	3
26	31	38	4	49	58	49	16	10	29	38	11	51	31	3	20	60	58	2	42	59
50	60	47	9	52	38	36	12	9	8	20	38	54	30	9	59	50	3	11	24	61
62	22	8	11	5	27	64	33	28	48	39	13	3	9	27	51	9	56	65	63	20
44	4	9	60	63	42	16	62	19	44	3	41	15	15	14	13	54	47	3	38	15
49	53	63	50	20	56	63	2	65	63	13	24	37	31	57	31	63	60	62	20	39
31	19	4	13	55	45	25	9	14	2	49	10	34	37	36	18	7	3	2	58	61
62	46	28	16	47	10	19	47	48	52	49	23	3	23	39	29	40	58	31	2	62
49	47	29	17	17	27	56	13	58	52	54	5	8	50	50	48	43	25	50	18	50
14	30	36	60	17	49	9	57	51	46	31	20	11	29	11	22	60	60	40	63	12
7	58	23	46	60	51	24	49	61	49	20	39	4	34	6	42	26	45	50	25	48
2	60	33	7	23	7	62	3	65	14	51	56	62	66	30	49	59	54	36	55	26
14	66	21	60	66	31	26	63	6	23	31	28	12	65	62	24	22	18	11	65	38
16	8	8	2	6	56	36	25	11	20	25	49	11	47	3	28	25	12	10	14	58
4	33	10	10	2	8	5	42	3	23	30	34	28	47	16	49	5	7	10	40	48
37	53	26	37	4	27	53	35	14	21	61	17	39	23	18	22	45	37	61	19	7
61	37	52	63	2	50	28	40	14	46	5	48	16	15	2	6	17	4	17	24	12
41	54	13	55	2	49	51	39	28	18	10	15	42	14	3	10	30	7	23	38	23
10	52	56	60	57	30	8	42	47	53	53	37	2	13	63	19	36	4	27	48	57
64	64	53	33	49	6	43	9	52	11	63	3	21	34	59	17	21	4	50	35	4

Solution on page 128

MATH MAZE PUZZLE™

A22002

61	21	38	47	25	59	49	49	28	61	27	2	54	41	13	47	60	27	11	2	**9**
37	38	47	60	5	52	44	27	37	2	3	3	59	38	51	18	3	25	55	25	4
22	19	51	14	47	30	21	13	48	19	9	3	27	25	2	22	63	3	66	31	28
52	66	5	58	4	53	4	25	22	59	46	58	57	42	3	62	48	42	16	41	4
50	10	18	46	17	13	9	3	27	8	35	14	4	22	5	7	12	52	17	13	35
8	28	7	54	56	37	2	46	6	10	32	65	59	60	8	50	4	40	50	30	33
10	15	19	2	38	46	18	34	3	2	3	5	41	43	36	57	3	15	3	16	56
7	57	2	9	27	34	2	31	47	21	37	6	44	26	25	21	5	47	20	48	3
7	31	38	16	65	36	9	3	39	36	40	26	66	25	41	33	8	40	65	61	53
7	35	27	32	14	19	7	9	2	27	4	64	65	42	12	54	56	26	22	60	45
49	41	8	35	51	12	63	4	55	25	12	51	19	42	15	46	51	29	22	61	15
33	52	5	6	49	63	53	64	61	44	39	49	6	7	41	16	7	52	36	49	6
54	6	13	16	29	22	62	51	43	24	50	25	50	17	53	25	44	29	58	5	54
56	39	64	4	30	27	49	42	15	61	46	3	12	40	63	45	14	17	7	60	49
56	47	42	17	59	2	28	18	30	57	3	28	29	39	16	42	30	33	65	32	45
20	15	40	8	6	23	52	28	41	43	10	30	32	5	31	14	10	33	5	54	44
4	2	2	62	**5**	19	34	14	58	24	28	63	34	45	31	66	40	13	13	36	29
4	40	59	23	6	20	17	8	53	32	28	30	18	6	38	45	20	38	3	14	51
8	36	6	5	11	28	64	63	21	31	13	25	17	41	66	37	2	13	15	5	3
3	59	49	41	31	29	17	5	40	15	12	19	18	36	18	16	59	56	65	20	3
11	5	55	9	49	5	43	47	32	21	54	7	43	55	19	15	19	31	61	53	**9**

Solution on page 129

MATH MAZE PUZZLE™

A23000

52	64	37	30	67	65	35	2	70	68	2	12	12	5	60	30	2	17	34	40	46
18	43	35	59	41	25	33	45	28	4	33	6	4	63	14	64	21	44	19	6	14
70	13	2	5	26	13	2	38	19	65	66	22	3	59	4	9	13	2	15	32	41
65	30	2	54	45	49	43	33	59	5	19	29	50	61	2	5	64	25	17	64	6
5	20	4	10	14	54	68	42	17	39	6	69	54	8	2	39	20	17	3	11	24
6	40	35	65	6	62	8	20	16	57	12	44	5	68	8	40	18	53	20	13	66
30	29	59	53	6	27	60	25	65	39	28	52	48	60	10	17	2	36	60	4	15
12	28	35	38	10	42	4	57	56	33	42	69	17	65	5	25	23	27	36	10	4
2	51	34	19	60	4	15	12	2	24	27	9	13	18	2	7	46	15	8	59	60
60	18	25	46	59	3	61	23	29	70	23	35	27	57	23	3	4	29	47	66	2
51	58	6	48	33	51	4	46	46	19	33	51	48	58	46	41	50	25	2	33	30
36	2	13	51	17	32	44	33	37	33	5	12	29	45	2	8	42	6	58	36	6
23	24	22	32	16	13	6	34	12	30	64	22	2	22	23	20	3	20	60	8	5
18	19	62	30	69	44	5	40	21	13	13	53	51	26	27	34	8	29	25	16	14
13	46	24	9	17	10	56	37	42	12	23	34	57	31	26	6	32	48	66	11	70
6	56	29	15	16	26	40	22	10	63	20	33	26	62	57	35	2	34	18	62	2
55	17	8	22	56	35	38	55	44	65	43	31	12	64	19	65	64	4	68	33	35
48	47	32	66	8	24	3	36	17	14	12	34	4	38	54	3	43	46	9	33	70
9	64	65	60	17	9	38	22	22	64	36	19	48	25	40	30	31	27	51	17	38
63	9	11	33	58	55	68	38	36	42	12	17	3	62	31	20	59	65	6	15	51
20	36	15	67	13	47	21	45	64	23	11	5	16	32	52	50	63	61	67	50	63

Solution on page 129

MATH MAZE PUZZLE™

A23001

39	50	27	35	17	42	45	37	32	37	44	50	54	9	55	21	52	35	13	60	7
20	3	36	39	52	14	5	59	12	58	13	39	56	13	57	14	27	70	21	33	5
19	3	57	34	31	50	33	59	2	69	14	63	5	53	33	65	51	69	55	30	12
46	39	4	39	34	40	15	58	11	26	20	10	70	45	36	68	21	69	55	20	2
5	62	61	8	69	35	5	47	22	34	19	56	52	21	44	18	64	23	70	46	6
2	8	9	24	55	16	28	55	7	27	15	62	70	5	27	25	20	45	27	14	10
10	60	70	60	26	70	35	39	29	12	56	70	51	48	11	59	10	19	30	39	16
60	8	24	58	28	21	58	11	31	46	12	48	59	19	19	18	22	52	64	5	39
27	67	17	53	49	53	53	55	25	59	4	4	16	13	29	16	45	5	9	46	55
44	45	14	62	63	7	34	68	31	58	54	15	14	8	61	15	3	11	6	70	43
46	61	12	35	47	60	13	68	70	65	5	2	10	5	2	7	14	3	42	9	33
5	10	17	23	26	51	35	14	5	47	19	52	36	39	55	47	30	45	31	10	11
31	46	54	51	3	5	15	66	14	40	58	29	27	14	29	23	20	38	62	58	3
31	60	18	49	18	5	39	59	8	14	7	61	36	4	52	69	65	20	47	10	22
57	54	3	8	7	62	54	9	6	26	18	20	55	64	2	9	18	9	2	33	66
3	43	48	2	5	44	29	23	11	14	42	45	46	14	22	33	3	43	53	31	4
19	2	38	53	57	21	25	28	9	18	29	37	25	46	44	42	2	56	15	28	13
22	40	19	58	15	53	14	57	23	13	12	37	49	43	9	14	10	55	13	62	6
20	18	2	62	64	48	62	42	67	65	48	30	26	57	23	47	12	10	2	22	32
26	26	18	54	39	51	63	8	13	58	3	32	44	55	48	66	65	63	23	34	40
46	19	46	5	47	62	58	25	48	33	59	47	19	44	67	20	41	32	46	2	23

Solution on page 130

MATH MAZE PUZZLE™

A23002

15	38	28	53	10	13	39	63	70	32	65	8	9	9	67	62	18	3	6	11	66
4	6	13	60	42	26	52	36	60	61	27	32	27	7	34	63	2	12	19	29	10
11	28	17	53	23	39	35	5	41	4	62	17	14	68	57	31	36	21	70	70	56
57	53	60	65	58	6	53	2	15	24	8	45	68	41	69	23	24	33	11	40	53
68	35	2	5	7	9	63	61	10	49	39	24	17	23	20	40	60	14	59	15	3
2	56	3	70	29	15	4	17	5	51	9	10	33	37	4	45	28	62	11	34	4
34	62	5	6	30	54	67	20	47	2	27	43	26	40	16	66	48	12	42	15	12
6	40	31	5	10	6	40	5	6	67	56	11	26	55	3	41	8	19	14	29	15
28	66	21	7	3	62	58	68	41	12	42	50	39	4	48	17	31	13	47	65	27
8	54	2	5	35	19	27	18	5	28	49	25	35	48	61	16	2	15	15	28	43
20	45	19	64	9	17	6	64	46	24	64	9	55	14	69	7	62	25	68	2	70
4	30	16	18	28	4	32	65	23	69	61	20	68	62	57	22	20	20	34	20	14
5	2	3	54	68	48	7	66	69	8	4	23	69	30	17	36	54	15	2	11	22
43	44	68	47	24	51	64	48	23	11	59	55	12	45	64	31	9	11	53	47	48
66	23	31	29	61	44	36	12	3	46	22	61	27	61	51	69	64	38	54	42	70
63	29	56	39	30	8	5	35	10	60	22	18	9	28	41	14	61	20	61	3	10
33	10	58	57	7	39	41	68	6	2	3	60	63	7	70	25	45	18	63	9	7
52	50	29	41	35	44	35	51	6	64	42	18	67	32	25	13	17	55	3	15	12
55	48	19	67	25	12	6	32	36	23	56	10	29	17	12	41	53	10	69	2	67
67	10	56	14	62	21	5	43	11	14	20	10	2	63	19	11	43	40	69	12	6
53	19	24	53	37	52	30	5	25	38	10	48	58	15	61	20	10	5	50	11	61

Solution on page 130

MATH MAZE PUZZLE™

A24000

30	44	18	48	87	49	7	86	17	44	6	44	80	19	46	60	19	52	41	39	39
13	75	22	62	86	50	54	88	62	6	2	3	30	78	47	8	4	63	8	32	8
12	10	65	53	57	71	41	10	40	72	37	40	5	55	64	47	69	39	74	37	55
53	53	73	55	85	58	28	60	46	25	44	49	60	59	39	2	42	59	29	53	51
69	36	24	11	22	7	5	88	83	2	35	71	37	21	46	8	27	46	86	5	2
26	37	73	57	18	60	88	42	21	39	49	52	8	82	25	72	77	55	69	18	75
18	56	23	53	51	28	52	55	71	47	49	32	68	45	12	81	68	76	20	68	24
61	78	36	61	20	10	86	8	55	50	36	76	58	30	72	60	30	88	74	43	7
74	26	55	36	39	78	80	17	67	5	30	11	77	88	80	32	28	86	52	4	13
26	32	76	58	51	85	82	2	50	59	89	29	56	77	51	41	51	89	2	86	27
54	43	62	74	17	55	62	78	49	79	34	60	5	83	43	21	61	68	26	30	**40**
30	22	27	45	70	77	51	64	69	67	84	71	17	59	29	81	85	84	3	15	45
76	21	28	24	4	2	2	57	14	32	64	55	78	26	3	69	70	72	78	24	54
85	73	17	65	3	71	11	18	55	8	59	27	3	58	87	58	33	42	73	36	15
52	7	45	12	28	68	13	48	10	60	72	8	26	58	90	37	3	20	60	19	39
8	13	75	59	33	31	4	18	14	6	11	76	24	77	50	7	7	32	9	61	32
44	39	5	15	75	83	52	7	45	61	3	18	2	66	40	19	21	16	69	2	71
23	85	12	74	5	39	30	21	2	70	68	63	43	70	17	75	12	60	3	28	55
9	3	3	54	80	3	10	9	90	49	80	6	86	33	78	35	35	46	19	24	19
4	86	8	83	8	18	4	80	47	7	8	56	74	25	73	66	39	62	64	74	86
13	34	24	3	72	36	6	7	13	3	10	36	45	10	54	65	53	42	43	83	88

Solution on page 131

MATH MAZE PUZZLE™

A24001

14	43	85	4	81	55	8	78	68	3	11	31	73	85	21	8	69	5	8	39	47
27	28	80	21	52	61	68	47	45	27	34	75	76	59	27	54	47	38	2	65	88
7	45	5	67	29	27	78	37	82	53	21	9	22	22	12	18	61	75	6	2	4
63	12	10	24	3	80	39	86	33	60	77	80	22	64	25	67	79	79	48	80	2
82	2	84	3	87	87	66	11	71	80	35	82	59	26	13	70	83	77	84	82	2
10	32	69	32	9	18	63	41	68	69	46	55	72	84	21	75	3	39	72	45	18
72	50	88	55	89	40	23	49	18	55	82	63	30	58	34	2	86	61	53	50	3
8	52	66	83	63	52	61	4	81	67	47	79	84	53	15	14	2	82	51	25	19
9	78	61	70	28	15	42	2	84	26	65	46	45	4	49	26	88	40	2	82	57
3	16	22	12	23	69	2	43	11	11	47	38	2	44	25	48	44	4	8	81	23
27	16	4	82	64	52	21	36	73	15	88	2	90	67	10	5	2	43	16	61	80
29	12	74	46	23	52	3	89	84	76	71	28	56	11	2	86	73	18	47	21	10
70	86	64	9	34	29	63	52	7	73	22	11	11	39	5	18	90	32	63	64	19
46	44	22	72	2	77	78	76	75	57	9	26	71	38	35	43	59	77	11	49	53
75	10	50	21	68	2	34	12	4	52	34	23	24	5	40	7	31	21	52	27	31
77	21	43	40	27	51	27	76	27	6	23	78	28	82	83	42	62	10	34	74	87
29	55	68	87	64	47	7	53	2	31	19	80	47	88	63	77	42	24	78	66	50
23	78	25	72	25	61	10	68	34	85	79	7	6	8	62	69	74	32	47	44	17
65	17	29	32	70	6	70	42	62	88	10	50	75	36	65	83	73	18	79	22	79
67	31	80	87	26	79	10	21	52	22	24	73	13	11	31	30	67	87	41	62	12
18	80	76	32	85	68	7	3	21	4	17	60	9	56	78	65	37	40	70	44	68

Solution on page 131

MATH MAZE PUZZLE™

A24002

61	37	27	16	43	7	36	75	35	28	7	2	14	43	77	5	3	69	57	33	66
3	11	23	11	81	73	6	89	7	47	29	62	17	78	20	29	56	48	11	28	80
64	17	4	2	2	25	30	6	5	41	24	7	31	69	74	20	65	42	6	46	2
8	68	19	52	40	44	9	71	13	58	26	89	62	20	6	52	48	90	33	38	61
8	5	3	20	80	64	31	42	71	42	50	65	80	7	79	17	62	60	2	68	83
16	28	87	86	61	48	85	21	20	38	36	73	51	15	3	56	79	86	37	32	53
82	2	14	5	19	12	4	24	28	49	86	49	37	62	76	31	51	23	74	2	37
56	71	2	59	61	33	70	38	79	71	60	48	28	6	38	73	6	57	5	71	2
35	28	7	34	85	6	72	25	54	85	31	87	9	68	2	46	48	6	54	44	39
13	22	57	14	24	8	52	2	69	79	31	17	5	26	54	12	25	16	13	48	21
22	52	3	66	63	15	46	51	60	11	15	3	45	62	20	36	60	7	67	3	60
17	4	46	45	48	55	65	52	14	51	5	80	18	38	22	4	10	81	16	6	54
39	11	50	63	81	16	66	37	29	74	3	47	32	77	73	11	42	29	13	77	90
65	89	14	6	8	68	52	23	71	45	6	37	29	55	49	29	46	23	24	45	2
89	39	36	31	35	15	20	20	55	78	9	81	90	15	6	82	88	47	8	11	88
48	13	2	44	69	86	67	83	19	46	54	31	60	48	58	47	24	78	75	54	57
73	78	72	4	18	13	38	14	43	3	40	8	32	87	25	5	5	16	83	26	57
23	60	69	45	72	57	27	35	5	71	58	4	29	53	3	70	3	2	51	21	3
5	69	53	20	90	80	10	25	48	8	6	52	3	25	75	31	2	59	2	27	54
85	72	72	67	5	61	5	78	89	44	5	75	69	4	54	53	4	46	9	82	22
86	9	77	3	80	30	50	21	15	62	**11**	38	77	89	9	38	6	3	18	37	4

Solution on page 132

MATH MAZE PUZZLE™

A25000

84	55	57	41	54	26	92	15	77	61	88	22	4	93	97	21	46	83	66	37	55
67	94	8	87	34	23	7	58	2	35	47	93	2	31	65	38	50	92	85	35	32
48	73	88	5	83	97	99	91	75	17	58	29	2	65	83	24	20	25	61	95	88
50	54	40	6	19	95	47	23	70	13	49	37	22	55	43	46	2	83	47	2	96
10	51	90	18	25	10	52	11	63	3	21	65	11	47	2	28	29	20	58	64	20
27	47	14	80	50	15	22	77	2	6	10	18	92	14	47	50	57	88	31	31	35
40	56	39	92	8	30	47	90	4	7	11	77	16	22	29	54	39	2	84	13	89
74	39	50	5	4	18	92	14	20	19	26	57	21	49	20	76	76	22	38	15	96
93	68	93	10	27	73	2	92	24	31	61	96	22	91	34	25	54	80	27	57	51
35	28	46	56	93	10	21	94	4	12	39	19	13	42	41	27	83	78	46	18	57
82	90	46	69	75	85	2	3	6	21	99	11	59	6	59	62	76	33	84	28	91
74	50	77	45	55	35	9	88	62	37	67	5	54	33	28	46	28	82	55	97	11
70	93	52	34	15	3	18	68	6	4	2	46	66	49	57	46	40	72	64	84	37
61	33	5	73	30	2	81	33	9	46	42	33	97	57	77	12	12	72	98	7	76
45	24	49	80	45	83	27	2	54	68	84	4	88	92	92	2	21	91	64	42	56
55	63	15	12	25	20	3	38	83	4	17	61	10	20	33	56	23	25	90	81	63
62	22	26	15	70	52	81	9	9	8	72	91	98	65	2	78	92	84	24	88	5
40	11	3	10	16	37	69	90	77	9	2	66	11	47	75	86	14	66	29	60	22
52	22	30	21	86	62	24	3	72	2	36	22	87	6	25	99	67	52	94	78	31
54	88	5	96	37	20	53	21	17	28	32	93	3	87	39	66	24	54	34	7	77
54	47	91	69	28	57	43	10	20	49	58	2	29	47	13	92	7	24	79	61	16

Solution on page 132

MATH MAZE PUZZLETM

A25001

87	95	11	17	28	4	7	14	98	7	14	16	29	59	44	73	91	10	81	14	67
11	21	4	98	13	77	52	60	48	95	7	96	86	89	42	27	5	35	62	58	15
98	54	44	67	7	4	3	21	58	35	2	30	21	72	63	76	96	84	7	57	24
18	31	75	31	8	39	96	72	66	86	19	56	63	84	75	10	32	11	54	17	19
64	41	38	16	15	46	99	33	3	65	38	33	2	70	23	94	3	8	24	3	72
92	22	41	95	16	4	17	78	33	85	84	47	15	40	22	88	60	7	54	6	39
61	42	93	3	31	29	28	71	99	4	43	22	69	17	4	29	55	63	99	3	33
3	23	75	80	83	65	2	39	58	49	95	95	33	6	43	54	76	57	33	6	15
64	41	18	4	94	2	14	7	2	39	78	23	3	73	55	27	78	93	3	32	85
89	69	66	30	57	7	96	86	35	84	2	49	10	93	58	7	52	30	42	86	56
82	46	84	28	3	17	51	71	30	27	39	91	41	90	27	17	2	41	39	18	61
43	47	15	92	61	74	37	98	53	66	73	47	2	36	72	64	80	87	98	62	5
2	6	8	15	22	4	88	72	11	26	73	30	22	52	21	47	81	82	11	83	26
82	84	2	49	2	96	34	11	40	73	68	12	72	94	24	82	83	90	57	5	92
84	7	4	5	20	50	66	21	57	45	43	43	9	76	89	91	95	82	78	70	90
6	2	4	33	86	52	9	5	69	9	35	9	39	10	31	23	19	67	13	58	95
14	40	10	5	2	71	52	76	22	5	27	60	75	70	67	47	29	43	69	84	77
8	48	6	66	6	43	3	46	2	32	27	56	10	45	64	74	20	68	85	64	45
22	38	60	41	12	6	18	7	11	94	54	2	75	75	75	67	17	27	8	26	43
43	54	58	9	90	28	79	85	60	76	20	82	23	64	3	79	32	58	56	87	67
52	54	35	75	50	13	90	75	83	22	74	27	54	46	42	4	5	57	57	67	95

Solution on page 133

MATH MAZE PUZZLE™

A25002

60	7	67	9	76	5	81	17	2	2	4	78	66	37	29	29	4	19	76	4	19
57	11	15	33	56	61	3	18	73	37	70	10	6	41	7	36	2	2	78	34	6
79	11	66	34	16	19	27	2	54	13	74	2	72	64	36	18	2	22	19	10	33
42	77	43	3	78	60	75	71	27	55	65	22	61	38	58	8	45	19	39	39	15
30	15	2	10	20	40	60	71	81	64	28	51	41	35	66	67	67	30	47	53	78
5	54	27	63	37	20	12	49	10	79	36	16	17	29	24	23	15	59	8	46	65
35	15	50	2	25	51	48	62	71	41	30	21	24	51	22	18	62	34	79	61	36
59	69	77	58	3	55	3	37	64	67	2	12	43	28	28	21	39	80	71	3	75
32	3	73	4	75	29	16	52	68	15	60	14	17	41	57	33	29	11	46	80	5
29	47	54	16	15	29	73	21	65	4	3	67	23	66	7	58	23	58	32	76	3
77	35	42	65	5	30	35	62	3	19	57	3	40	22	38	46	70	16	35	54	43
23	50	14	31	78	78	19	69	20	56	73	61	67	25	77	47	60	4	66	38	3
54	40	3	8	72	37	54	14	68	63	66	2	68	44	14	20	44	50	53	65	38
18	57	4	62	62	3	10	25	17	68	33	40	5	51	60	19	69	57	6	12	49
3	33	7	59	37	35	2	2	4	77	2	6	73	18	36	24	52	14	16	10	15
23	71	5	40	2	36	32	37	48	2	31	43	16	10	51	52	60	45	39	80	26
69	57	2	37	74	46	59	28	31	2	62	47	57	9	51	78	67	59	12	51	55
7	42	9	27	77	34	57	10	23	31	49	72	42	10	37	61	52	38	53	51	41
76	60	64	2	66	14	2	65	46	6	30	2	15	19	39	79	70	12	53	53	20
12	20	2	45	6	7	22	70	61	77	5	74	75	24	62	35	64	25	18	45	62
64	2	32	54	11	4	44	28	23	79	25	37	72	14	58	23	81	27	3	20	60

Solution on page 133

MATH MAZE PUZZLE™

AA2002

2	6	12	-9	-3	-3	-8	-5	7	4	8	-4	5	3	5
11	2	3	-7	2	-10	8	-6	7	-5	2	-7	5	4	-5
9	-7	9	-3	-3	3	3	-7	-9	-7	-3	5	12	-9	-9
-11	-2	-6	8	3	-8	2	-6	-8	-4	-11	4	3	3	12
6	7	9	-4	-9	-12	3	11	5	7	3	-8	-2	-11	7
11	7	-9	-6	6	-11	-3	11	11	6	-7	-8	2	10	8
-4	9	-9	-3	3	-3	-9	10	11	6	-3	-11	12	2	3
-4	-8	-12	10	-6	12	7	-10	9	7	4	5	2	-5	-11
-12	6	3	-10	-9	3	-12	-7	-11	-10	-2	7	-10	11	5
-6	3	4	-2	-12	6	-4	10	-7	9	3	-12	-6	3	-5
2	-4	7	-4	3	-8	-8	-5	-3	-4	12	-10	4	7	-12
7	6	-11	6	-8	5	10	4	-3	-7	4	-11	-2	-5	10
-8	2	2	11	-7	4	-3	-9	6	4	8	7	-8	12	-8
10	4	-11	-6	4	-2	7	-10	-3	-10	-2	2	-5	-4	2
-8	2	-4	-7	-11	4	6	7	-2	11	6	-3	-2	6	-8

Solution on page 134

MATH MAZE PUZZLE™

AA2004

-5	8	-9	2	-7	-5	-2	9	7	10	-3	7	-10	2	7
-2	-7	3	-8	-9	-7	-2	-7	2	-4	-6	-8	4	-6	3
10	-4	-12	-12	11	9	-8	-11	3	-11	-8	10	-6	-5	4
3	3	2	-3	8	-2	-12	9	8	3	10	2	-3	-7	2
7	-3	-6	-4	-2	-2	4	-6	12	7	2	-11	2	5	2
-11	10	10	8	3	-7	6	-7	-3	-2	5	-10	-6	-8	-2
-4	-3	12	4	8	-2	6	2	12	-5	7	7	-4	-6	-10
-6	-9	11	-2	11	-10	-11	9	-6	10	12	5	-5	4	-5
6	-5	-3	4	-10	4	4	-12	-11	-2	-3	10	8	4	2
-9	3	-4	3	9	-7	5	-12	-11	2	12	11	-3	-11	7
3	5	7	-8	11	-12	6	-10	3	10	12	-5	11	-5	6
6	8	2	-6	-4	3	-5	2	-6	9	9	-3	-4	-6	-2
-4	9	9	12	11	-6	-9	-10	4	7	-10	-2	5	8	-3
-3	-11	-3	-11	10	-4	-10	-7	-7	-6	12	4	-11	-3	3
6	-2	-3	6	10	10	-6	6	-6	2	2	-2	4	2	2

Solution on page 135

MATH MAZE PUZZLE™

AA4001

8	-4	-2	-15	13	4	9	-9	7	-3	5	14	-9	-11	-10	8	-2
-2	-8	2	16	-13	5	13	14	-3	-11	8	-11	-12	6	6	8	-6
6	-2	-6	6	-5	4	-4	-10	3	6	8	-4	-8	2	-16	-4	12
-6	9	3	7	-13	9	2	-12	2	5	2	-16	-6	-9	-13	15	-2
12	-14	2	4	8	-10	-2	-13	11	-15	12	15	-14	-3	-8	2	-6
-15	-6	-10	6	-5	-3	8	11	13	-12	11	-15	-2	-11	-13	-13	4
-3	16	-8	11	2	9	-7	-3	-10	-2	5	-2	7	7	5	2	10
3	9	-2	14	6	-5	-7	7	9	-13	3	13	-10	-12	-3	-6	-6
-9	14	16	4	12	9	16	-10	-13	10	-4	11	10	4	-15	4	16
-13	-7	-15	10	10	-13	-12	12	-3	8	13	9	-4	14	-13	-11	-2
-7	-10	6	-10	15	4	-6	7	-2	-7	15	15	6	13	11	7	-8
-5	7	7	-3	-11	-3	3	5	-11	4	-8	-5	8	13	-9	-5	2
15	2	-3	2	13	5	12	3	13	-4	10	3	7	5	2	14	-4
6	-12	-2	4	14	10	8	-3	-7	-11	-3	-10	15	15	-13	-2	-10
-13	4	-4	-5	-4	-5	-10	2	-9	-16	6	14	-8	9	15	9	6
13	-2	-10	5	2	-13	9	-10	7	-15	11	4	-13	2	-11	13	7
-13	-1	-14	-13	-16	14	-7	-14	**3**	8	-5	4	-9	-3	-4	3	-15

Solution on page 136

MATH MAZE PUZZLE™

AA4002

3	16	12	5	7	-11	8	-4	13	8	6	-13	-4	-10	15	-8	-11	-14	-8
4	7	2	-11	-2	-3	-13	-11	-12	-13	-7	5	-14	-15	-11	-14	12	5	7
12	2	6	2	5	-16	-11	-2	-12	-8	4	3	-8	14	-12	12	-9	2	-15
16	14	-3	-16	-8	-10	13	-7	8	-6	-13	-13	-16	3	5	-14	2	14	-5
-5	-15	5	-5	11	4	2	2	4	-9	10	-8	4	-15	-5	9	-4	-2	3
-10	-13	-16	9	-9	10	-11	-12	2	12	-15	12	-7	-7	-3	16	-13	-15	-2
4	5	-8	8	-12	2	-6	4	2	16	-14	-14	5	12	-4	-7	12	-8	-6
9	-15	-16	9	14	-13	4	13	-5	-6	7	7	3	-11	-4	-2	2	8	2
-13	10	11	7	2	9	-2	-7	14	-2	-7	-10	16	14	10	-3	15	-8	-12
7	-3	-2	-8	-7	12	-8	-2	2	-3	7	15	10	-12	-13	-9	13	13	-8
-13	-2	-5	-5	-14	10	7	-2	5	11	16	8	-5	-6	-9	-2	2	-2	-4
-11	-5	8	-3	12	-9	13	6	12	14	-2	2	14	-6	4	-6	-8	-14	7
-6	-9	5	2	-2	15	-6	-8	-14	-5	-8	13	-6	-5	-11	7	10	3	13
7	15	11	6	2	-5	-10	-2	-2	-3	2	5	3	14	4	6	14	-5	15
5	-3	5	14	-4	5	-9	-7	-16	-11	-4	2	-2	8	-15	-4	7	-9	-2
6	-8	10	8	-3	11	7	-5	12	-14	-15	-7	-6	-9	-8	-15	-13	-15	-5
-11	2	-13	-3	-10	2	-5	-8	3	-3	-9	-5	-14	2	-7	8	4	4	8
-14	-13	10	9	-14	-5	15	-2	-5	13	-13	16	-13	-11	3	14	-12	16	-4
3	-3	6	-3	-2	-6	-8	2	-16	-3	-13	-6	-7	-11	4	4	16	9	-2

Solution on page 137

MATH MAZE PUZZLE™

AA4003

2	6	12	-2	-4	12	-16	2	-8	-13	5	-6	11	3	14	15	-16	10	-6
-12	8	-9	8	-2	8	6	4	7	12	9	8	4	-2	-12	15	-2	-2	9
-15	-5	3	-16	2	9	-13	-7	-6	2	-12	3	-9	-2	2	-9	-14	-8	7
-9	-3	-11	-12	-8	4	-8	-8	-14	-14	-15	5	5	15	-6	-6	-6	10	15
-6	-4	-4	2	-16	-11	-5	-10	14	-7	-2	2	-4	-8	8	10	-8	-13	5
2	-15	4	2	5	-7	5	-2	7	16	-15	11	9	-13	2	-6	16	-15	4
-3	-14	-8	16	8	15	-11	-13	2	13	-3	5	-15	16	10	-5	5	-4	9
-3	13	6	-15	4	3	-4	9	-2	-11	-16	9	-6	7	8	2	-12	-11	12
9	-3	12	6	2	6	-7	-3	-3	-16	13	-5	-9	3	-3	4	7	11	9
-4	-10	-13	-7	-5	3	13	2	3	-6	-11	-8	-6	7	-16	-7	10	-8	-8
-15	3	-5	7	-11	-5	6	12	-6	-7	11	11	3	10	13	12	-2	-14	-13
-12	-9	-7	14	-12	5	10	-15	12	13	14	3	-16	12	5	14	-13	-10	-9
-3	7	-12	14	2	9	11	-3	14	11	-3	10	-13	14	13	-2	-10	8	-9
-2	12	-14	-9	-3	8	-6	3	-2	15	13	5	4	-14	5	9	5	10	-14
-5	-11	-16	-3	10	-7	14	-2	-7	11	-16	14	-8	2	2	10	9	-7	-2
-13	-15	-2	-7	-10	12	-7	11	16	-11	4	15	2	10	-10	-16	5	-6	-9
7	6	-14	8	-7	-14	-2	-12	2	-6	-12	-10	-5	6	-6	-16	-13	-13	11
-11	-12	-7	-5	12	-4	-7	-4	2	-2	-7	13	4	3	6	5	10	13	11
6	-13	-7	-6	-15	-15	-9	13	4	7	7	7	-3	-10	-11	-6	-10	7	15

Solution on page 138

MATH MAZE PUZZLE™

AA5002

9	2	-15	-3	-18	-10	-8	15	7	12	-5	-13	18	15	3	-12	-9	-2	-11	-2	-13
-13	-4	18	-4	-8	15	6	-4	-18	-10	-16	-17	2	2	-3	-5	-11	8	-6	3	5
-4	7	3	-9	11	14	15	8	4	-14	18	2	9	5	7	17	-2	-3	-9	-9	-18
-6	-10	15	-4	-5	-10	-18	16	-11	-10	11	-10	8	15	7	-3	3	-6	-2	17	-8
-10	-4	11	10	11	2	8	7	15	-17	2	-4	-9	-18	-6	-7	-10	-9	18	-13	5
6	10	5	-6	12	-12	18	2	5	2	3	12	4	-12	-13	-7	-7	2	3	6	-17
-4	12	-16	8	-2	-10	-10	-2	5	-11	-6	-17	18	7	11	-6	11	-6	-6	-6	-12
15	-17	-2	-12	-8	-15	12	16	11	-3	-9	16	-14	8	11	-14	2	10	-7	-7	-12
10	-2	-5	11	-10	-11	17	-4	-10	5	3	-13	-12	16	7	9	9	-17	-13	-2	9
-5	-16	-10	-16	-5	12	-18	6	6	4	-8	6	6	12	-3	14	-3	14	-5	-7	-17
15	10	-15	3	-5	-11	2	11	-11	11	-5	3	-2	2	-4	15	-14	4	-18	7	-14
-5	-3	-3	10	-10	9	-13	11	16	6	5	-16	-11	6	2	12	-7	-2	-9	-3	-2
10	3	-14	9	14	2	-8	10	4	3	-11	17	-2	4	-8	3	2	10	2	-3	7
5	-11	5	13	17	-8	-2	2	-7	10	15	7	7	-16	-4	14	13	-11	7	7	-5
15	-6	-7	3	10	10	3	5	18	-17	10	2	5	3	15	-2	-11	-11	-13	-11	12
3	-16	-16	-16	18	-15	2	3	-12	-3	7	-6	3	10	14	-10	15	-2	4	-9	5
-5	-15	-10	-7	-17	7	-10	-18	-4	-12	17	-6	-4	4	-16	-4	4	-9	15	16	-6
16	6	-3	15	11	8	-2	4	-14	-10	12	-14	2	-16	14	-7	13	-7	-15	-10	17
-6	-7	-13	-10	-2	9	5	-3	2	3	5	-9	-2	13	-2	15	5	-16	-14	12	12
2	7	-4	-14	12	-11	-12	16	16	-3	2	5	-6	6	6	11	15	-6	-18	-15	12
-12	-7	5	-9	9	15	3	15	12	16	6	-18	12	-3	-4	-2	8	-2	-16	-8	2

Solution on page 139

MATH MAZE PUZZLE™

AA6001

18	9	18	6	3	-9	-20	2	-10	-2	5	-7	-2	-7	14	-2	12	-9	-7	16	9
6	9	2	-9	-3	4	-10	3	6	-18	15	21	-6	-13	7	-12	12	8	19	7	5
12	3	9	-6	-9	13	2	14	-12	3	-4	19	-19	21	14	-5	24	2	12	17	-9
13	-9	-9	-17	23	22	15	-3	-11	13	20	-22	-5	22	17	10	8	12	3	-19	23
-5	-10	-15	-4	-19	-7	-12	20	8	2	16	-4	20	-13	-12	-9	14	-4	-18	-14	-14
17	6	12	11	15	19	22	-5	6	-20	-5	-3	7	-18	22	-3	15	-22	17	-9	-10
12	-2	-24	2	4	2	8	-3	-24	-14	14	-4	9	21	-4	12	-13	-11	22	-24	4
-16	-22	3	-11	-6	16	16	14	-15	17	14	6	-24	-19	-22	-3	2	-14	17	-22	3
11	-16	-8	3	-24	22	-22	21	-9	4	-23	-9	-14	8	7	24	-5	15	22	-24	22
-20	18	20	8	-24	10	-11	-23	-19	15	19	-23	18	-21	23	-15	-14	-16	-17	-22	-16
24	-11	-2	-4	4	24	-4	-19	10	2	5	-19	24	-3	21	7	14	-8	11	3	-19
-20	5	15	-18	-2	-8	9	2	17	-5	22	8	22	-2	-6	-21	7	-5	11	9	-10
20	17	7	22	11	-22	-12	3	-18	-21	20	12	-8	-3	22	17	2	-14	-13	-6	-15
18	-9	-21	-22	-6	-24	-18	-11	7	22	11	-8	17	13	5	-4	12	2	-12	10	14
-17	18	-7	-12	9	15	-21	17	13	-2	15	-9	24	2	12	-2	14	18	3	20	-14
-19	23	5	20	-3	3	-4	3	-5	19	21	-20	-13	20	22	-3	-3	23	-11	2	-2
-7	13	16	-11	2	-10	-21	-22	8	-4	-2	5	3	-23	-6	8	-14	5	-9	4	6
-9	9	-19	-22	7	19	3	4	2	-3	13	17	-5	5	3	18	16	17	18	-21	12
-21	16	-8	-12	10	21	4	18	-7	12	-24	-11	-15	-24	-18	-13	-5	-15	9	-18	15
20	-23	-16	19	-7	7	-14	20	15	4	5	16	7	-15	19	8	-24	-10	-2	4	-15
7	-4	18	23	-15	3	-4	8	11	-4	22	-13	-8	-3	24	5	19	17	-18	3	-21

Solution on page 140

MATH MAZE PUZZLE™

PUZZLE2

29	9	38	15	26	24	27	11	28	31	9	2	2	21	19	29	32
18	18	2	23	13	18	13	19	21	28	3	7	3	30	38	15	4
38	2	19	13	2	19	38	8	2	10	6	27	21	18	3	13	29
2	19	5	24	12	6	2	17	10	27	3	13	24	20	6	30	25
18	16	12	9	10	9	19	2	10	9	3	10	13	11	18	3	33
2	25	13	7	18	14	27	25	23	6	12	10	2	26	7	11	7
6	2	12	28	25	27	20	31	11	36	34	26	26	33	7	32	26
27	30	13	14	37	33	15	12	36	21	24	25	17	27	10	6	3
33	25	5	29	17	15	26	23	7	3	5	2	8	15	3	26	23
36	19	3	3	24	3	20	4	38	19	29	22	14	10	11	8	11
14	8	19	28	18	19	4	27	36	14	15	26	34	14	2	24	34
25	20	2	10	3	4	6	2	3	15	13	30	23	31	10	13	22
4	21	7	35	36	15	6	14	4	7	17	38	32	6	26	14	12
23	10	22	24	37	35	19	32	32	20	16	9	13	16	5	17	34
23	21	21	2	3	12	32	26	17	31	2	21	19	3	11	2	4
6	28	7	16	15	27	9	7	26	17	26	35	33	16	3	8	2
8	15	16	12	34	11	23	11	36	9	31	12	31	29	37	22	2

Solution on page 141

MATH MAZE PUZZLE™

PUZZLE3

26	40	42	16	11	3	31	13	20	2	4	25	20	12	30	19	8
24	2	6	18	11	21	40	19	29	16	41	3	30	24	9	7	20
22	2	7	4	6	33	12	15	6	35	12	23	23	3	11	11	12
2	5	27	35	29	37	29	38	5	33	19	27	29	23	16	37	20
10	2	5	12	7	17	18	13	29	12	5	14	15	11	38	14	40
6	40	8	20	40	38	36	38	14	20	26	2	12	6	38	29	32
34	23	17	35	8	18	41	31	40	7	35	6	17	8	14	32	5
17	9	21	42	21	20	20	35	7	5	26	9	13	38	26	5	17
2	25	11	18	29	7	22	24	30	15	2	7	11	35	9	31	4
26	28	17	14	29	21	2	11	25	31	29	4	9	36	2	11	14
18	16	27	7	19	5	15	41	6	25	13	6	8	32	25	25	3
9	39	2	11	39	24	28	41	3	2	12	9	25	32	26	41	2
5	12	14	9	22	14	7	27	38	15	30	4	37	22	15	8	32
24	12	3	17	42	41	36	5	6	27	32	34	28	2	10	4	5
33	4	10	38	5	12	13	24	32	8	33	5	6	3	12	8	37
27	15	26	11	20	16	15	40	37	41	14	33	31	41	2	39	2
37	32	39	29	40	33	2	29	29	14	15	6	16	24	17	12	29

Solution on page 142

MATH MAZE PUZZLE™

PUZZLE4

27	10	25	19	35	15	43	45	34	45	45	7	4	28	14	32	42
40	17	3	2	38	23	31	40	24	38	4	32	27	38	17	42	7
41	11	6	7	14	11	19	14	3	45	46	25	9	3	20	12	37
31	23	29	42	3	26	4	28	13	22	27	45	5	27	32	26	23
39	42	21	4	46	34	7	11	39	32	42	3	44	17	44	39	4
5	26	18	23	23	18	11	45	6	21	2	28	45	18	2	5	7
37	23	46	2	3	6	16	2	47	26	36	14	24	3	21	16	45
35	6	2	23	20	2	25	10	33	15	23	45	39	7	5	22	18
23	39	27	45	42	31	20	32	32	46	13	45	34	29	2	18	10
40	40	25	22	48	5	10	22	25	47	37	37	45	34	19	36	6
37	35	21	37	28	33	29	34	43	19	2	28	47	2	17	43	41
24	25	34	47	14	14	43	6	30	27	14	15	3	34	5	34	24
24	42	29	37	3	32	37	34	46	18	37	13	17	2	40	37	25
13	33	14	47	14	29	33	34	41	18	46	4	2	14	34	8	19
38	38	17	37	2	2	28	18	8	43	36	4	16	3	42	38	27
15	30	25	22	22	33	22	7	16	42	13	26	37	7	9	29	2
39	32	18	41	16	22	19	48	42	6	5	44	44	18	13	6	35

Solution on page 143

MATH MAZE PUZZLE™

PUZZLE6

27	10	16	8	35	15	43	45	34	45	45	7	4	28	14	32	42
3	30	14	2	8	11	31	40	24	38	4	32	27	38	17	42	7
41	40	23	17	19	10	21	14	3	45	46	25	3	20	20	12	37
31	23	29	28	33	26	4	25	13	22	27	35	31	33	32	26	23
39	42	21	23	46	34	47	11	36	32	44	10	44	40	5	39	4
5	26	18	8	23	20	11	13	23	41	15	28	45	18	16	20	7
37	23	12	9	47	41	25	12	7	26	36	14	24	23	10	3	45
35	6	36	45	34	2	21	46	33	15	23	45	39	46	7	30	5
23	39	27	45	42	31	20	32	14	46	13	45	34	30	17	7	6
40	40	25	22	48	5	10	22	3	42	37	37	45	47	41	42	6
37	35	21	37	28	33	29	34	43	19	5	5	2	21	46	4	41
24	25	7	2	14	14	43	6	30	27	14	25	5	23	2	48	24
24	42	14	37	3	32	37	17	15	18	2	45	5	21	2	37	2
13	33	14	28	14	29	33	32	21	36	5	10	5	6	3	21	19
38	38	17	37	42	2	28	14	46	2	36	20	11	5	15	5	16
13	3	24	11	2	21	22	7	16	48	13	15	4	7	9	32	2
39	32	35	8	3	7	19	48	42	6	8	7	44	18	13	4	8

Solution on page 144

MATH MAZE PUZZLE™

PUZZLE 20

37	2	67	63	8	5	8	2	19	2	38	2	19	28	22	47	57	9	24
32	69	32	2	4	40	9	16	3	5	29	34	4	15	37	21	45	7	2
8	7	35	5	20	2	17	18	66	13	65	3	37	4	51	30	48	26	20
2	28	4	7	5	54	2	48	64	2	13	37	23	60	48	11	43	27	8
53	61	41	12	4	32	34	27	21	3	5	4	3	41	42	30	25	34	53
27	20	16	20	2	2	37	7	3	47	26	64	13	30	37	32	36	57	32
10	17	13	41	29	29	49	3	14	6	15	69	70	66	70	12	66	50	24
14	61	14	7	3	2	63	21	7	3	5	6	33	17	15	69	18	7	45
62	61	67	18	36	27	6	40	35	65	68	7	61	31	44	4	11	2	9
67	38	45	48	58	53	34	43	26	22	42	66	5	28	2	14	3	48	3
62	62	32	6	11	9	64	15	67	6	64	2	71	41	34	8	8	35	3
6	58	39	41	10	21	42	43	35	10	2	32	7	69	31	2	4	43	40
6	42	12	5	67	3	12	26	10	55	18	5	27	51	18	4	6	3	12
26	18	6	60	3	7	9	25	62	56	11	3	3	9	2	58	14	9	3
54	3	28	37	63	9	8	56	35	63	36	49	53	22	63	6	39	21	3
51	30	13	64	19	37	66	22	27	45	48	42	68	30	39	53	7	17	14
3	5	15	35	67	6	70	64	53	25	54	55	49	54	62	6	10	29	7
5	8	34	9	51	42	38	9	43	68	47	4	55	42	71	60	47	56	51
61	19	42	14	18	45	18	4	41	44	33	62	57	5	28	5	55	11	5

Solution on page 145

MATH MAZE PUZZLE™

PUZZLE22

14	19	45	52	8	11	29	63	63	59	71	28	35	24	44	51	19	48	19
29	64	8	27	7	57	48	17	44	3	2	25	65	51	11	66	29	2	24
43	6	37	56	10	46	13	6	40	22	31	26	39	51	21	16	2	58	3
23	40	2	4	52	2	59	33	43	63	30	54	15	16	37	16	32	10	8
63	49	27	71	4	54	11	44	43	4	2	70	11	15	9	64	2	48	3
61	18	15	7	50	43	70	23	47	70	2	3	44	5	20	8	56	8	5
15	29	21	15	20	30	12	2	24	51	21	31	32	50	23	59	8	55	14
36	31	31	20	16	34	64	32	48	3	23	18	41	64	36	32	67	10	70
47	12	38	27	68	6	62	34	27	16	39	21	2	43	7	37	3	70	2
37	24	50	16	66	54	4	45	43	17	22	31	56	7	24	40	4	2	35
15	61	70	20	4	71	66	2	18	60	15	64	15	70	61	17	42	16	56
27	57	53	27	5	3	2	8	42	46	46	9	19	44	56	29	7	62	51
70	56	66	47	4	25	25	34	2	5	63	15	64	61	37	41	70	10	40
30	33	58	16	43	12	50	48	68	8	3	21	10	42	16	31	42	56	44
36	38	67	60	65	69	2	25	19	60	49	3	5	17	60	52	25	51	37
18	23	46	4	22	62	65	5	5	55	11	22	40	30	52	6	59	12	60
63	20	18	34	20	70	59	64	61	66	16	69	47	36	23	70	4	8	54
11	69	54	15	19	45	23	36	62	19	65	53	13	14	49	2	27	52	26
23	33	20	56	25	48	30	53	70	53	64	63	47	3	27	12	20	40	66

Solution on page 146

SOLUTIONS

MATH MAZE PUZZLETM

SOLUTIONS

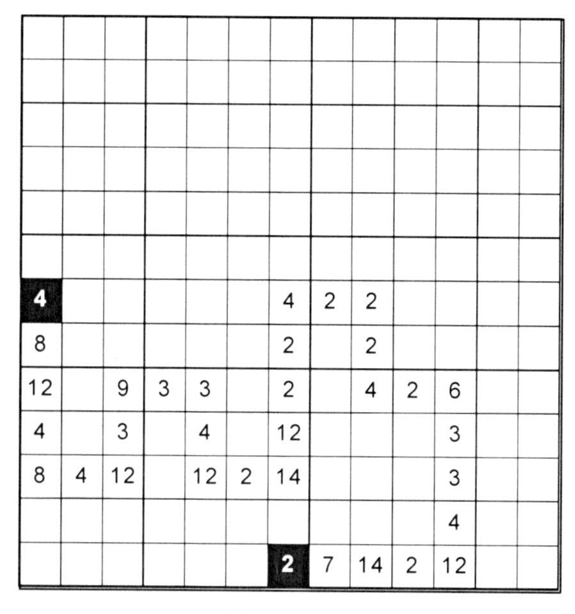

J11001

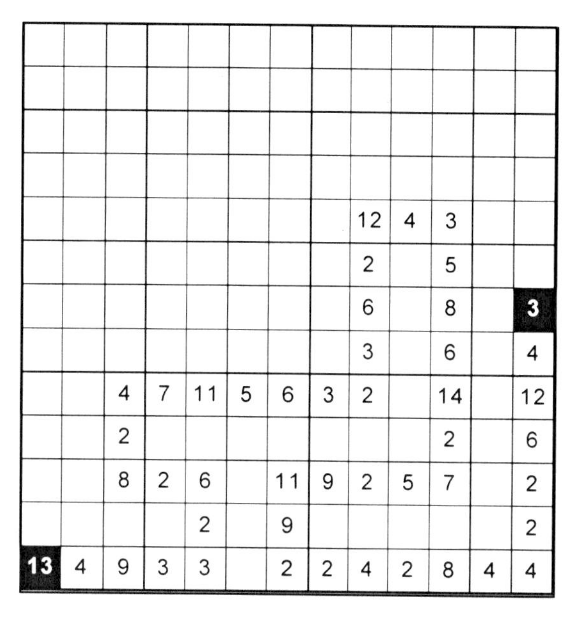

J11002

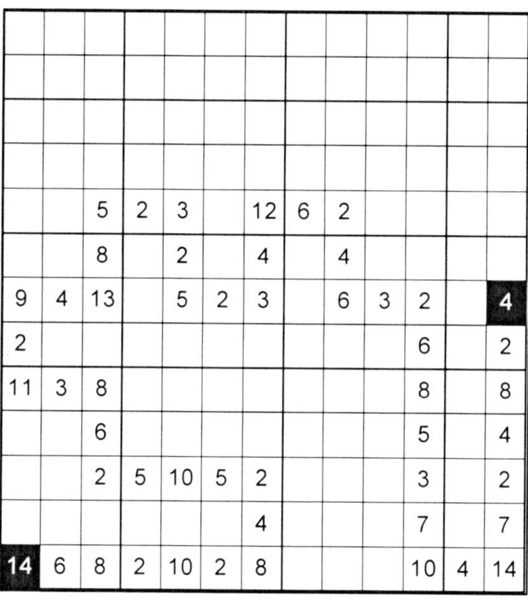

J11003

												10
												4
								9	5	14		14
								5		7		4
3	2	6	2	12	9	3	11	14		2		10
8										12		2
11		12	2	6	6	12	6	2		14	9	5
5		6						7				
6	4	2		14	2	7		14	2	7		
				8		2				7		
14	4	10	4	6		14				14		
2						2				5		
12						7	2	14	5	9		

J11004

MATH MAZE PUZZLE™

SOLUTIONS

2		2	3	6	2	3						
7		11				2						
9	4	13				5						
						3						
12	2	10	3	7		8						
7				2		4						
5	2	10		14		2	3	6				6
		2		2				2				3
8	3	5		12	2	6	2	3				2
2												7
10				6	2	3		3	4	12	2	14
8				2		11		3				
2	7	9	3	3		14	8	6				

J11005

						11	5	6	2	12	2	14
												2
9	3	6	2	3		14	2	12	2	6	2	12
4				9		9						
5				12	7	5						
2												
7	2	14	12	2	7	9				5	2	3
						3				3		
12	2	6	3	2		3	4	12		2		
6				4				2		2		
2	4	8		6	2	4	10	14		4		
		2								2		
		10	2	5	3	2	2	4	2	2		

J11006

6												
2												
12												
2												
6		2	5	7								
2		5		6								
3	4	7		13	11	2						
						7						
						14						
						6						
6	3	2	8	10	2	8		5	2	10	8	2
6								7				5
12	2	14	5	9	5	14	2	12				10

J11007

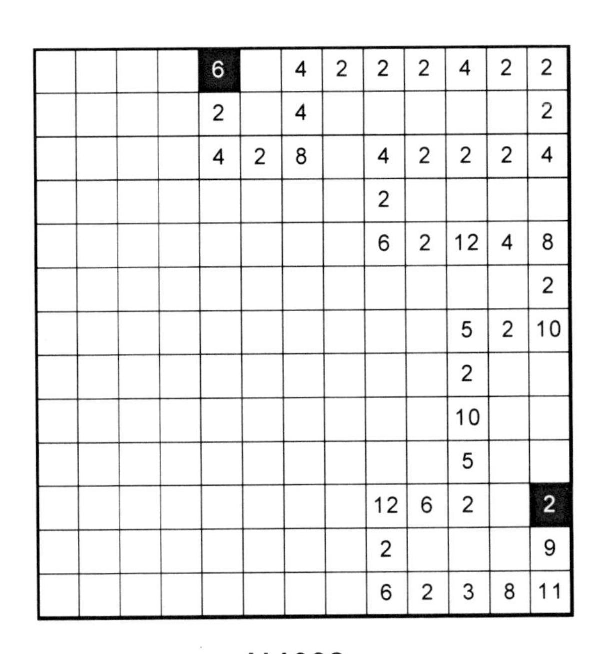

				6		4	2	2	2	4	2	2
				2		4						2
				4	2	8		4	2	2	2	4
								2				
								6	2	12	4	8
												2
										5	2	10
										2		
										10		
										5		
								12	6	2		2
								2				9
								6	2	3	8	11

J11008

MATH MAZE PUZZLETM

SOLUTIONS

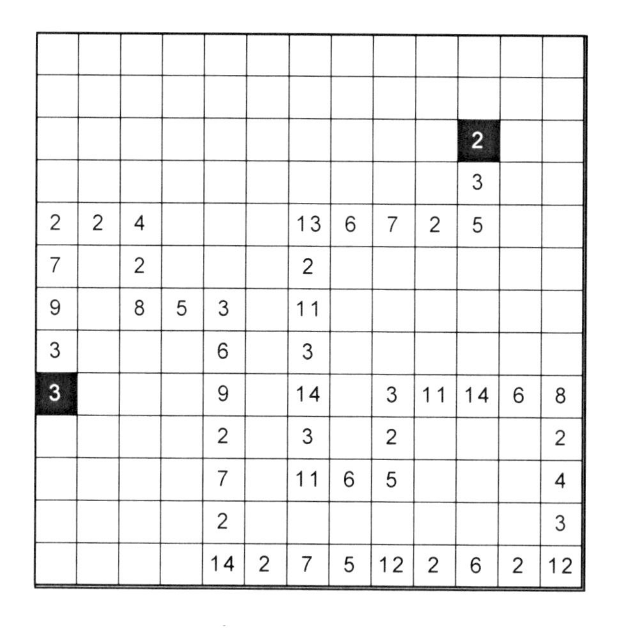

										2		
										3		
2	2	4				13	6	7	2	5		
7		2				2						
9		8	5	3		11						
3				6		3						
3				9		14		3	11	14	6	8
				2		3		2				2
				7		11	6	5				4
				2								3
				14	2	7	5	12	2	6	2	12

J11009

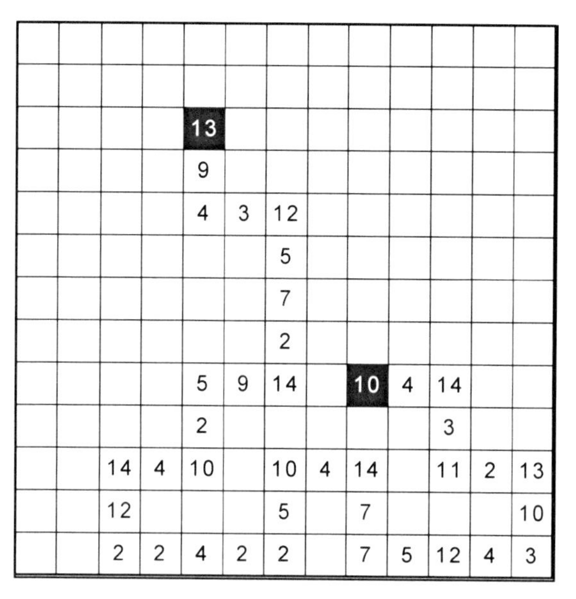

				13								
				9								
				4	3	12						
						5						
						7						
						2						
				5	9	14		**10**	4	14		
				2						3		
		14	4	10		10	4	14		11	2	13
		12				5		7				10
		2	2	4	2	2		7	5	12	4	3

J11010

6	2	12	5	7	7	**14**				9	5	14
5										2		7
11	3	14	6	8	4	2	7	14	3	11		2
												5
5	2	10	2	5	2	10	2	8				10
2								6				5
10						9	5	14				2
						2						7
						11						9
						6						4
				10	2	5						13
				2								8
				12	2	14	5	9	2	7	2	5

J11011

				6								
				2								
				3								
				4								
				12								
				4								
				3	5	8						
						4						
						4	6	10	2	5	2	7
												5
								6	2	12		12
								5		4		3
				9	6	3	8	11		8	2	4

J11012

MATH MAZE PUZZLE™

SOLUTIONS

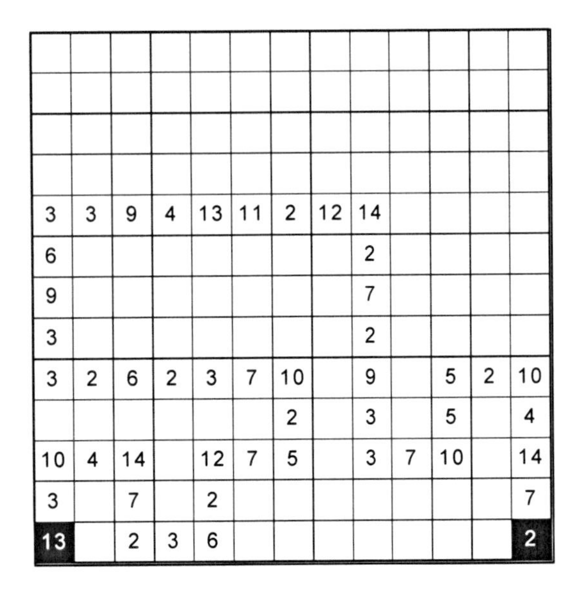

J11013

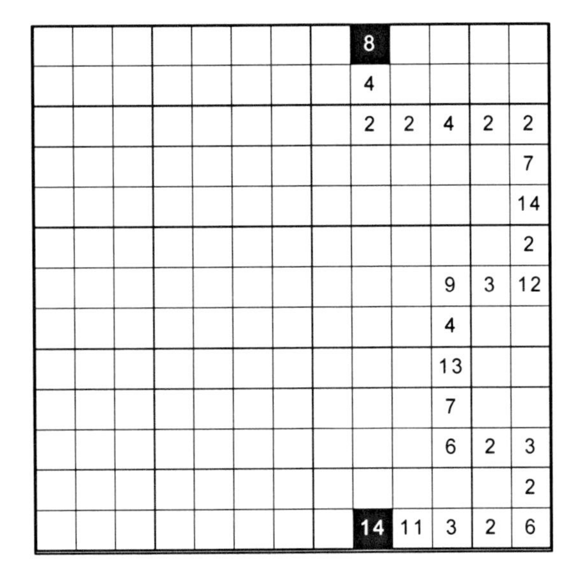

J11014

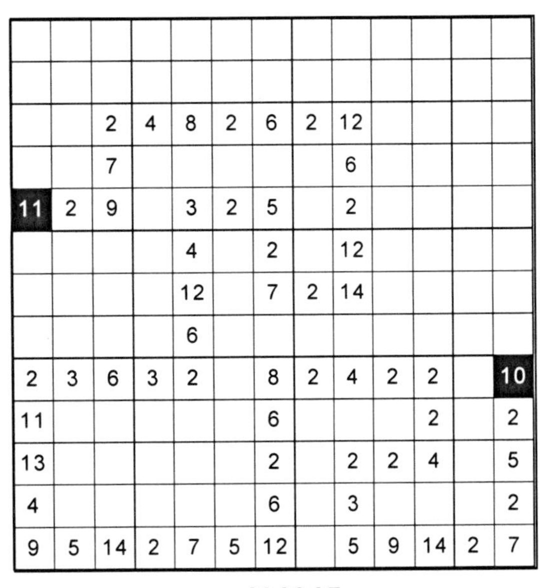

J11015

		10	6	4	2	8	4	12				
		3						2				
2	5	7						14				
4								2				
8						9		7	4	11		
4						2				3		
2		4	10	14	3	11				14		
3		3								7		
5		7		5	8	13	3	10	8	2		
8		4		3								
13	10	3		2	7	14	6	8	3	5	2	3

J11016

MATH MAZE PUZZLE™

SOLUTIONS

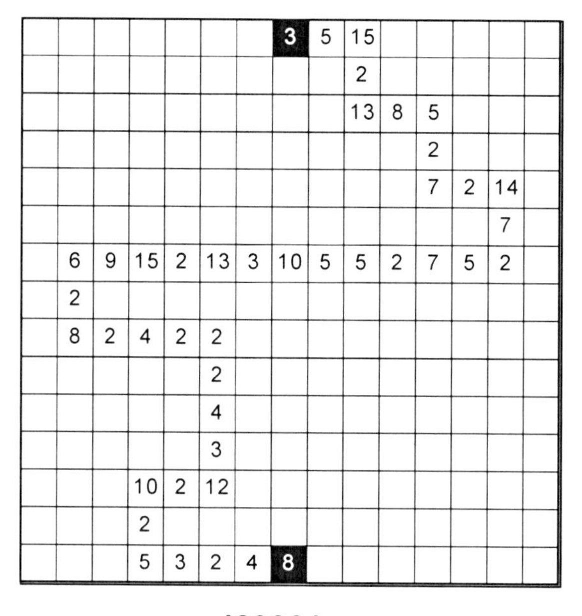

J23001

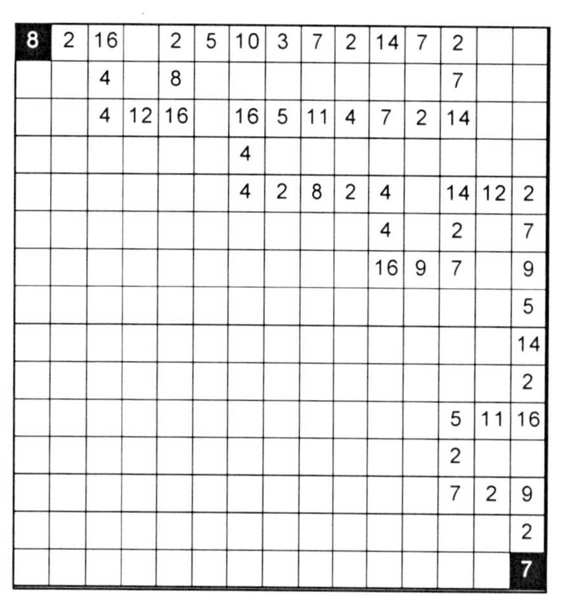

J23002

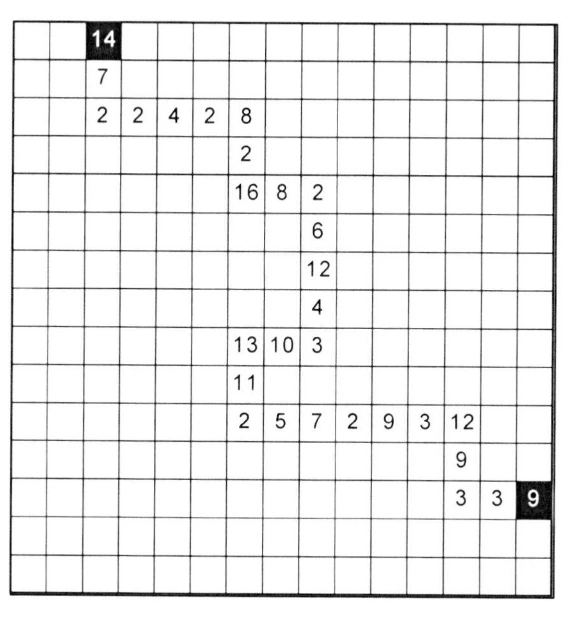

J23003

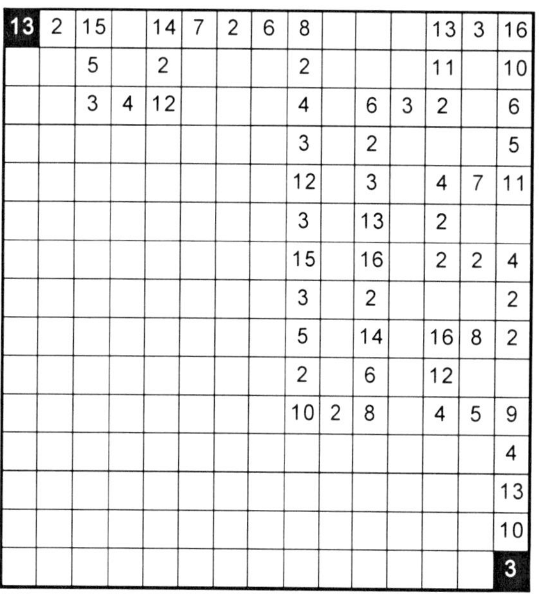

J23004

MATH MAZE PUZZLE™

SOLUTIONS

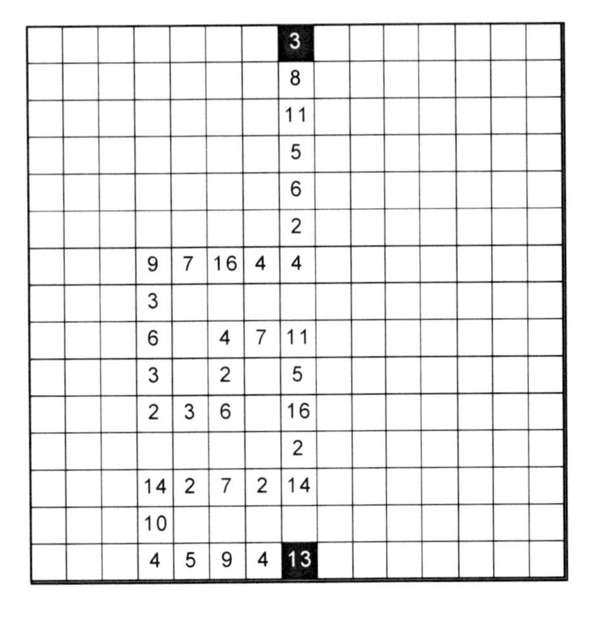

J23005

5	2	3												
		3												
12	2	6		8	2	16								
3				2		14								
15		14	2	16		2	10	12	2	6				
5		2								10				
3	4	7						11	5	16				6
								2						2
								9	2	7				3
										8				3
						14	2	12		15		3	3	9
						2		2		12		4		
						7		6	2	3		12	4	3
						2								13
						14	2	16	4	4	2	2	14	16

J23006

					7	2	9							
					3		3							
	8	2	6	4	10		3							
							3							
							9	3	3	2	6			
											2			
	2	2	4	2	2						3	2	5	
	2				2								2	
	4	3	7		4	2	8	3	5		10	3	7	
			3						2		2			
			10	2	5				10	2	5			
					2									
					10	3	7							
							3							
							4							

J23007

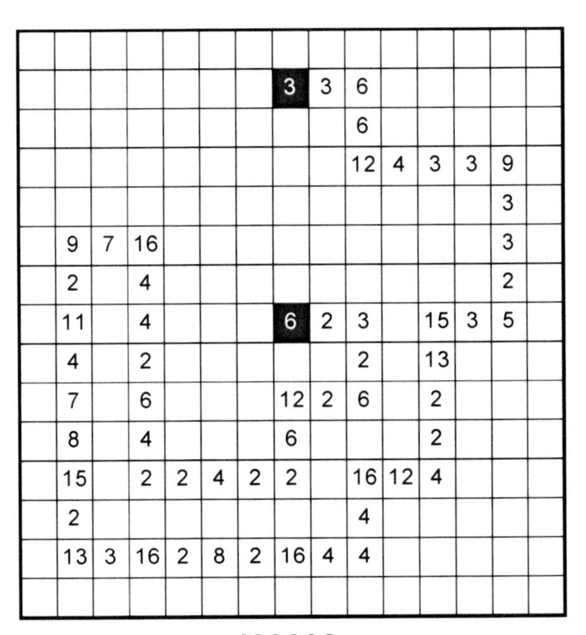

J23008

MATH MAZE PUZZLE™

SOLUTIONS

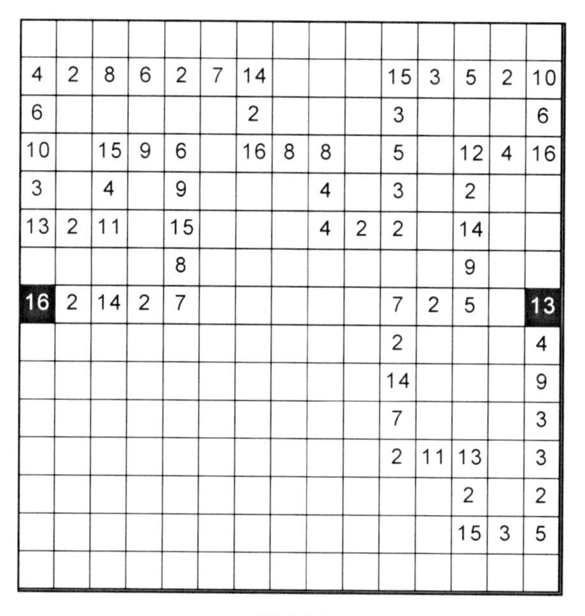

4	2	8	6	2	7	14				15	3	5	2	10
6						2				3				6
10		15	9	6		16	8	8		5		12	4	16
3		4		9				4		3		2		
13	2	11		15				4	2	2		14		
				8								9		
16	2	14	2	7						7	2	5		13
										2				4
										14				9
										7				3
										2	11	13		3
												2		2
												15	3	5

J23009

13								5	3	15	3	5		
3								2				2		
10								10				3	11	14
2								2						2
5								8	4	2	2	4		16
2												2		14
10				16	3	13	3	10	5	2	4	6		2
6				2										9
4	2	2		14										11
		4		4										3
		8	2	10								16	2	14
												2		
												14	2	7
														3
														4

J23010

16	3	13	2	11	6	5		3	4	12	4	3		
8						3		3				2		
8				2		15	6	9				6		
3				5								2		
5	3	8		7	5	12						8		
		2				3						3		
4	4	16		12	3	15						11		
10				3								9		
14	2	16	4	4								2		
												7		
										7	2	14		
										3				
										4				

J23011

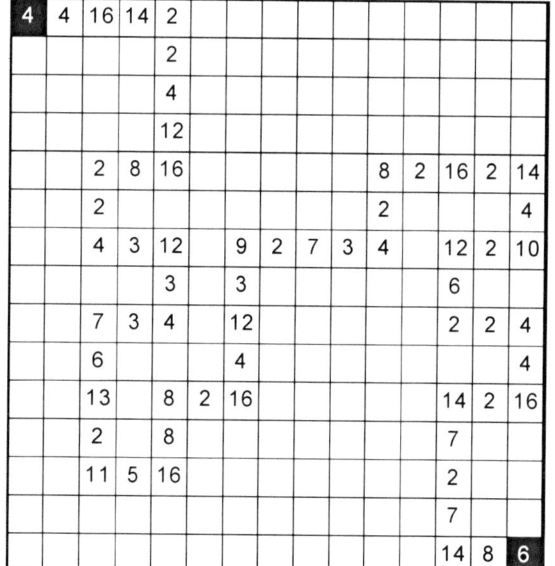

4	4	16	14	2										
				2										
				4										
				12										
		2	8	16						8	2	16	2	14
		2								2				4
		4	3	12		9	2	7	3	4		12	2	10
				3		3						6		
		7	3	4		12						2	2	4
		6				4								4
		13		8	2	16						14	2	16
		2		8								7		
		11	5	16								2		
												7		
												14	8	6

J23012

MATH MAZE PUZZLE™

SOLUTIONS

										8	4	4		12
										5		2		3
										3		2		9
										3		12		4
3	2	6								9		14		5
3		5								3		7		2
9		11	3	8		4	5	9	3	3		2		7
7				4		2						2		5
16				2	3	6						4	2	2
11														
5														
9														
14	2	7												
		3												
8	2	4												

J23013

7	4	11												
		7												
9	5	4												
5														
14														
3														
11	2	9		12	10	2	2	4	3	7				
		6		2						9				
9	3	3		10						16				
3				5						4				
6		2	13	15						4				
8		2								2				
14		4	2	2						2	11	13	3	16
9				6										7
5	2	3	4	12										9

J23014

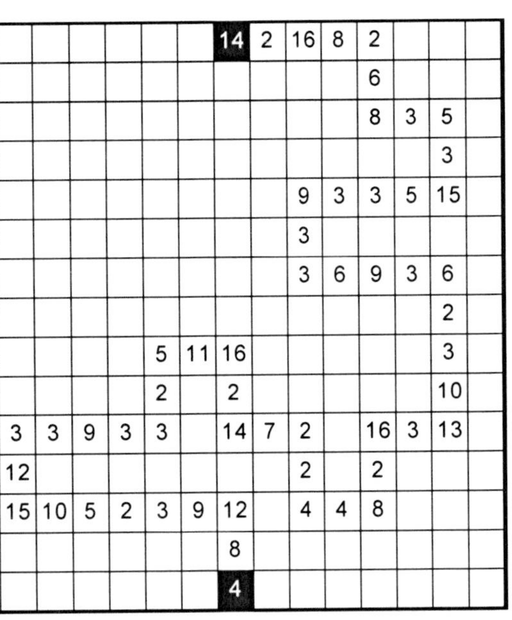

							14	2	16	8	2			
											6			
											8	3	5	
													3	
									9	3	3	5	15	
									3					
									3	6	9	3	6	
													2	
					5	11	16						3	
					2		2						10	
	3	3	9	3	3		14	7	2		16	3	13	
	12								2		2			
	15	10	5	2	3	9	12		4	4	8			
							8							
							4							

J23015

				12	3	4						10	2	5
				2		2						4		2
		6	8	14		2						14		10
		2				8						10		4
16	4	12				10	2	8				4		14
2								4				2		5
8				10	6	4	2	2		10	2	8		9
				4						3				
				6		2	8	16		13	2	15		
				2		6		7				10		
				3	4	12		9				5		
								3				3		
								3	2	6	9	15		

J23016

MATH MAZE PUZZLETM

SOLUTIONS

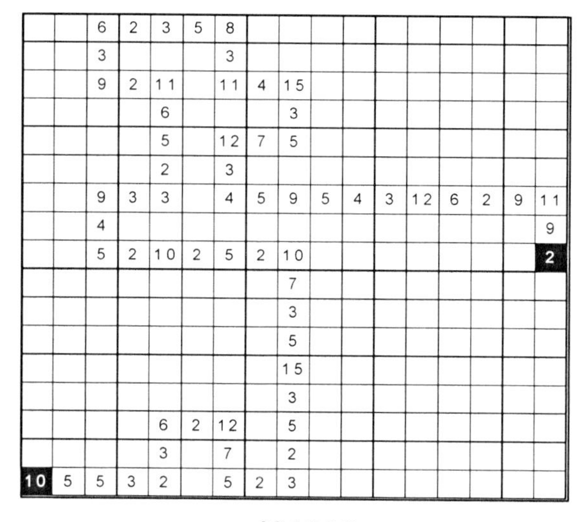

J31002

9												5	2	3	5	15
3												3				
6										2	13	15				
4										2						
2								6	2	4						
2								2								
4	7	11	3	8		15	7	8								
				2		13										
3	3	9		4		2										
2		3		2		7										
5		3	3	6		14	2	16	4	12		5	3	15		
2										6		2		13		
7	4	3	4	7	2	14				2	5	10		2		
						12								2		
						2	12	14	2	12		2	2	4		
										2		8				
										14	2	16				

J31003

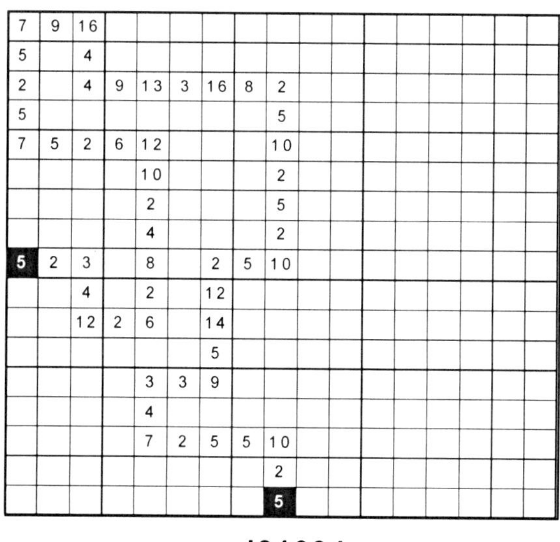

J31004

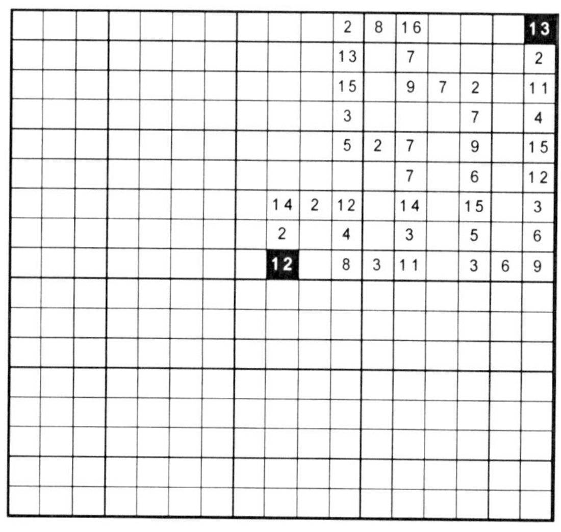

J31005

MATH MAZE PUZZLE™

SOLUTIONS

10						8	5	13	2	11	6	17	3	14		
5						2								7		
2	3	5	2	10		6	2	3	15	18		12	6	2		
				2						9		7				
				8	2	16	2	8	4	2		5	2	3		
														14		
		3	2	6				15	3	5	8	13	4	17		
		3		4				2								
		9		2				17	8	9	2	7				
		4		2								2				
		13		4	9	13		9	3	3	2	5				
		3				10		3								
		16		6	2	3		3	2	5						
		4		4						2						
		12		2	7	14	12	2	8	10						
		4														
		3	2	5	2	3	6	18	3	6	3	18	2	9	7	2

J32002

15	3	18	6	3	2	6	2	12	6	18						11
9										6						5
6		12	3	4	2	2				3	2	6				6
4		5				5						4				3
2		17		15	5	10						2	8	16		2
6		15		5										2		8
12	6	2		3	2	5								8	2	16
						3										
18	3	6				8	2	4								
6		2						11								
3		3	4	12	4	3	5	15								
5																
15	5	3	3	9	9	18										
						6										
		5	2	3		12										
		3		5		4										
3	12	15		8	5	3										

J32003

8	3	5	2	10		18	2	9	3	12	9	3	4	12	7	5
5				2		6										2
3	2	6		5		12	7	5				10	2	12	5	7
		2		2				2				7				
6	3	3		3	5	8		10				3		5	3	15
2						8		3				3		12		5
3	2	6				16	3	13				9		17		3
		4										2		2		6
16	8	2								3	6	18		15		18
										6				3		2
										18	2	9	9	18		9
																2
												18	9	2	9	18
												12				
												6	3	18		
														5		
								18	2	9	5	4	9	13		

J32004

4	2	2		18	9	2	6	12		10	2	12		6	3	18
2		5		2				2		7		3		3		
6		7	9	16				6	2	3		9		2		
2												3		4		
4								10	8	18	6	3		6		
2								2						3		
8								12	2	14	4	18		18		
6												15		11		
2						7	4	11				3	4	7		
2						7										
4	7	11	9	2	7	14										

J32005

MATH MAZE PUZZLETM

SOLUTIONS

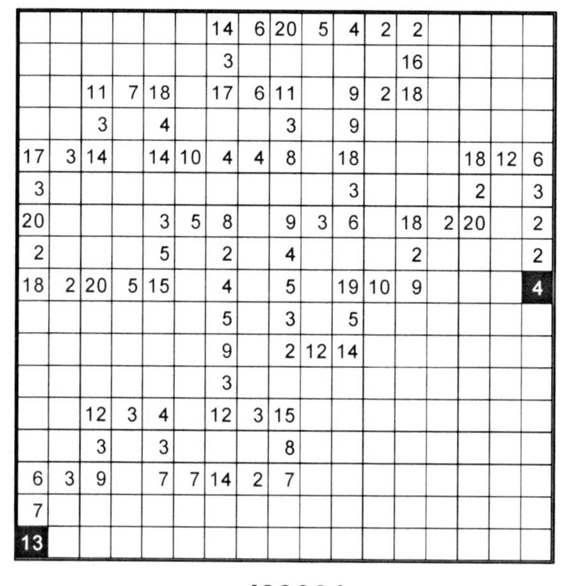

J33001

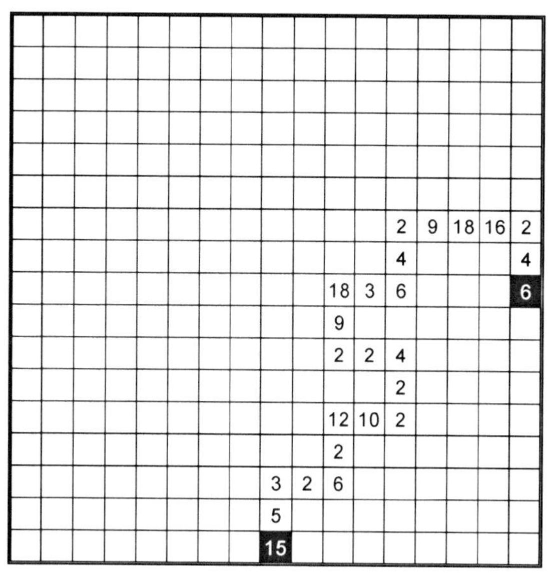

J33002

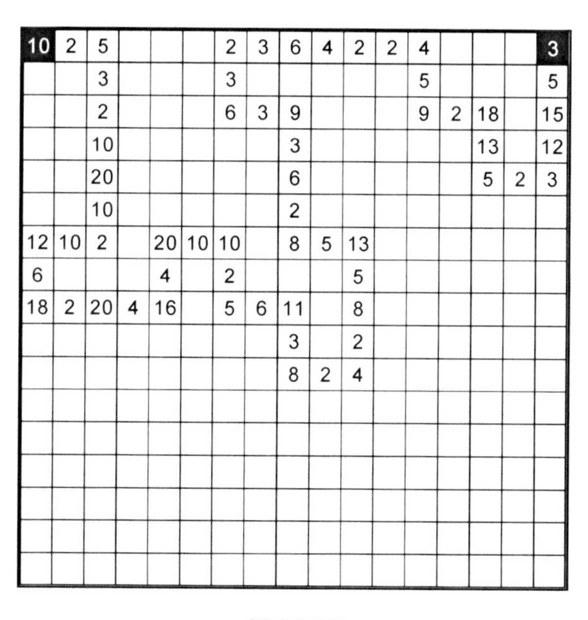

J33003

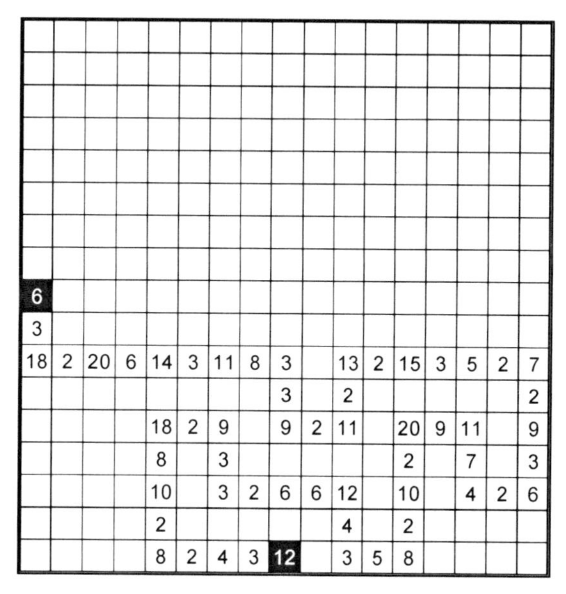

J33004

MATH MAZE PUZZLE™

SOLUTIONS

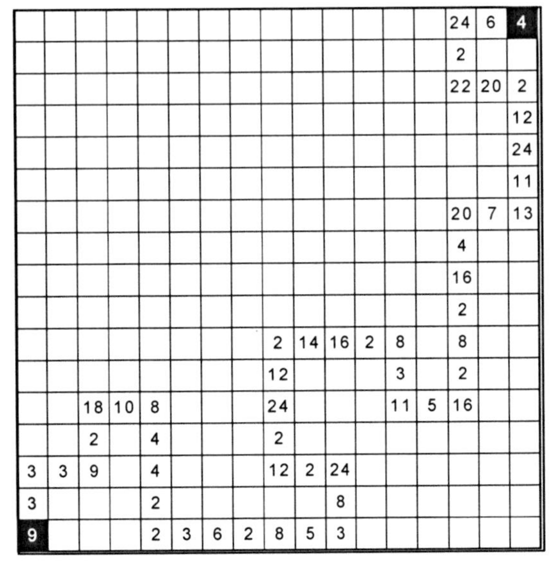

J34000

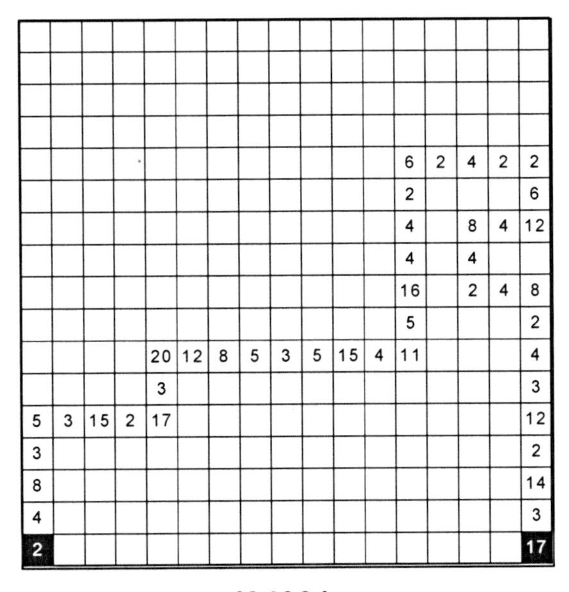

J34001

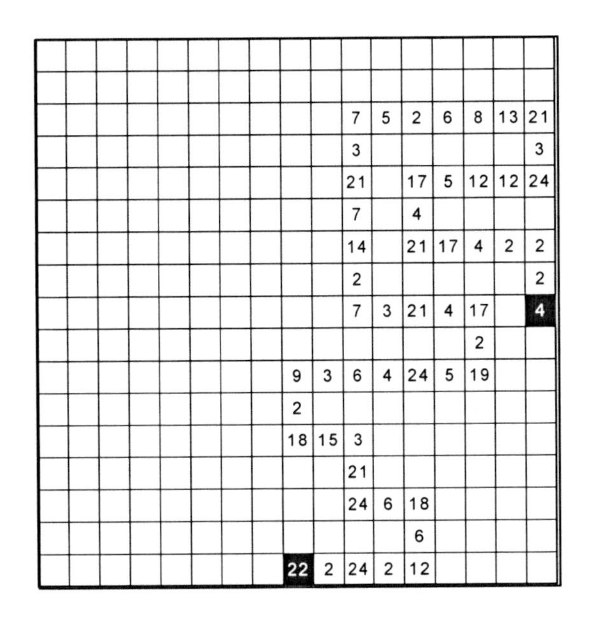

J34002

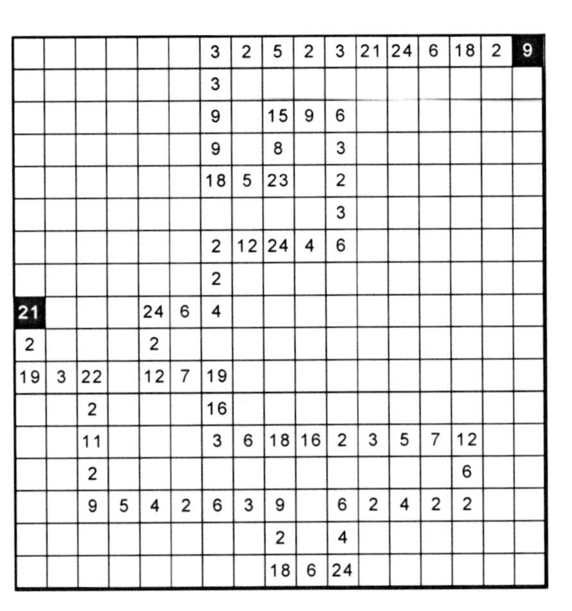

J34003

MATH MAZE PUZZLE™

SOLUTIONS

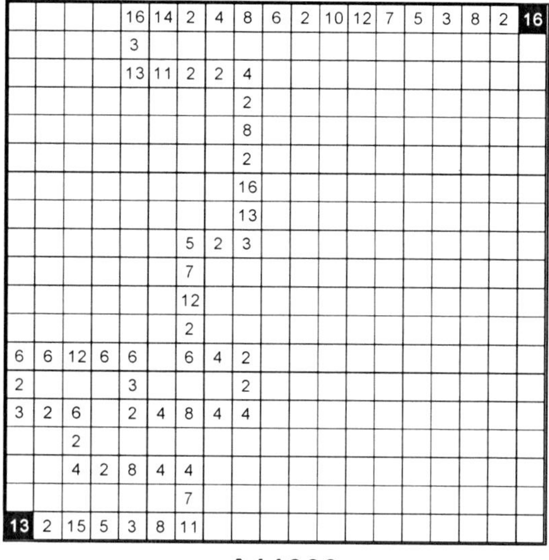

A11000

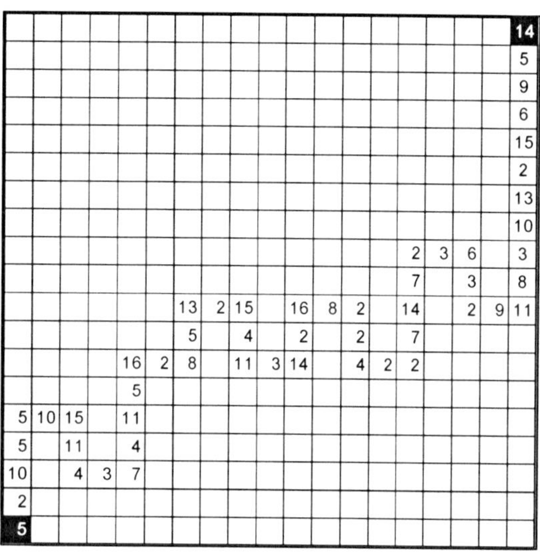

A11001

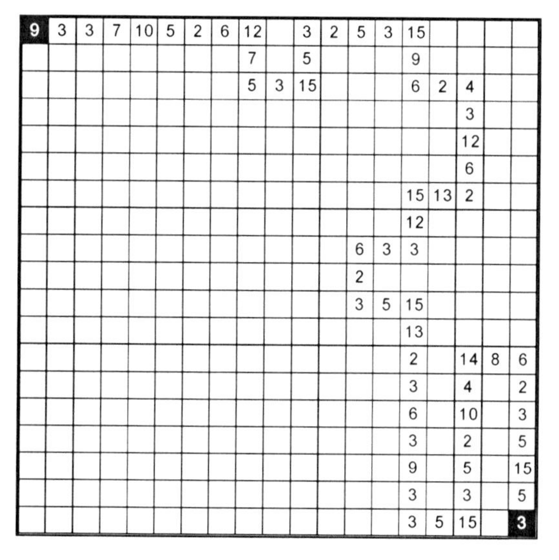

A11002

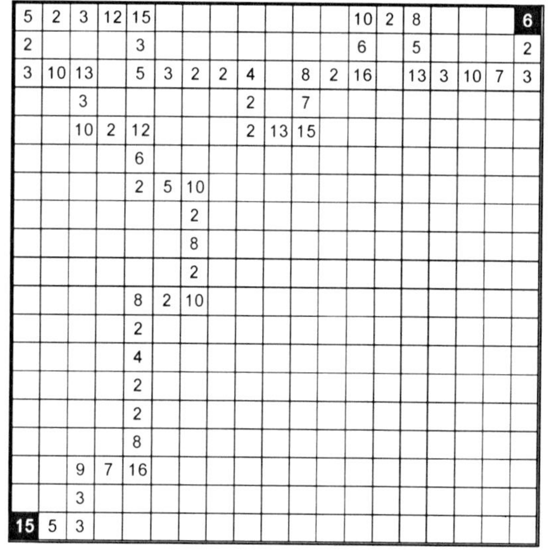

A11003

MATH MAZE PUZZLE™

SOLUTIONS

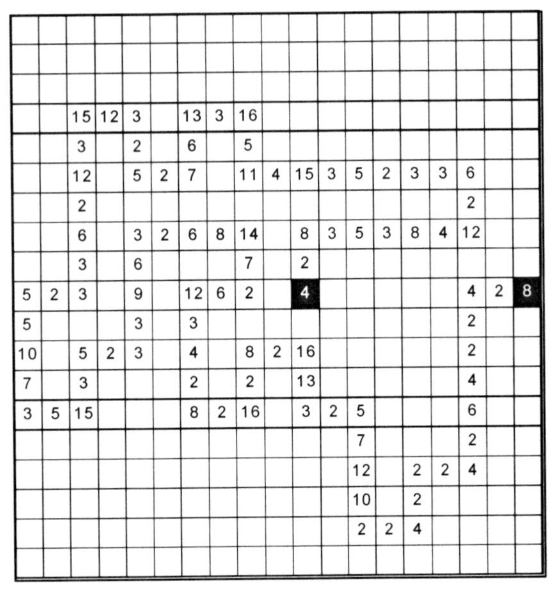

A11004

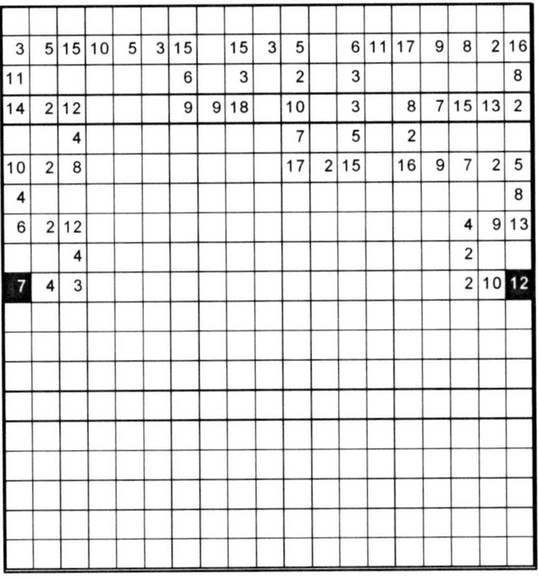

A12001

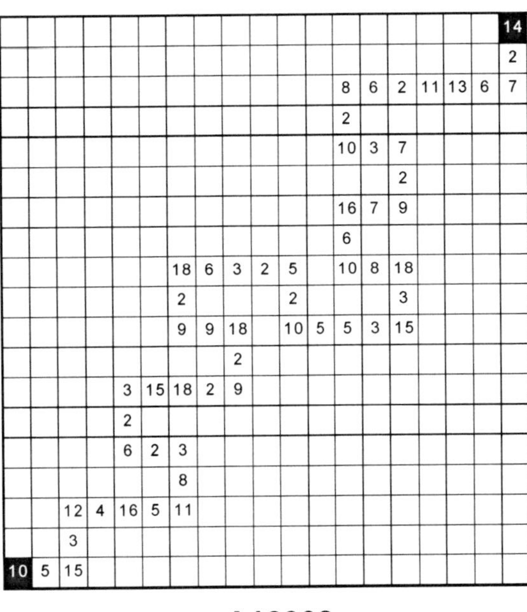

A12002

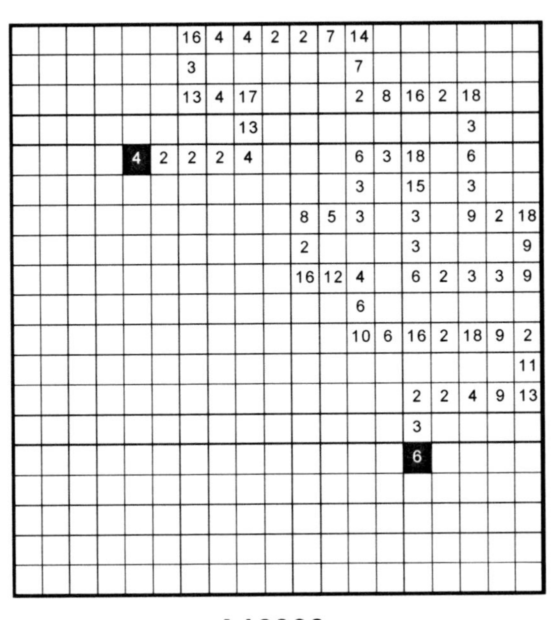

A12003

MATH MAZE PUZZLE™

SOLUTIONS

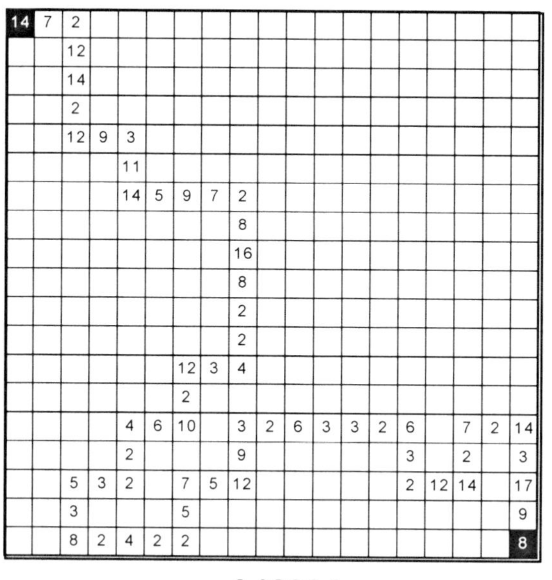

A12004

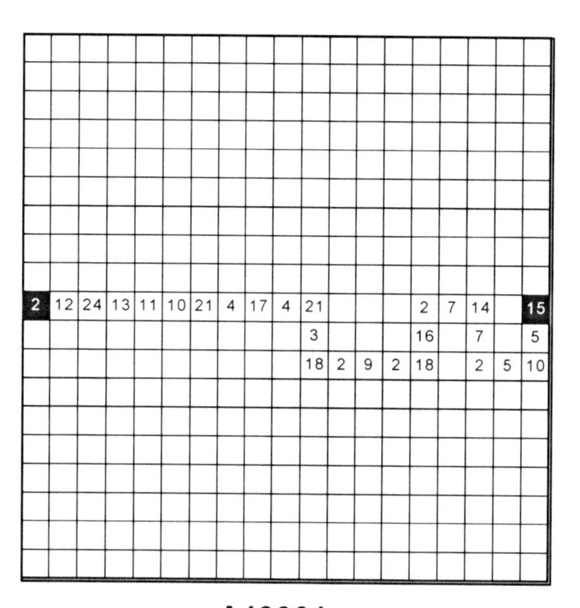

A13001

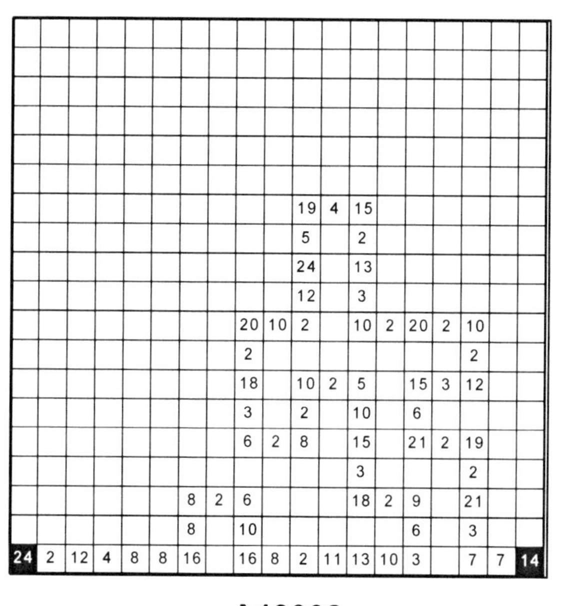

A13002

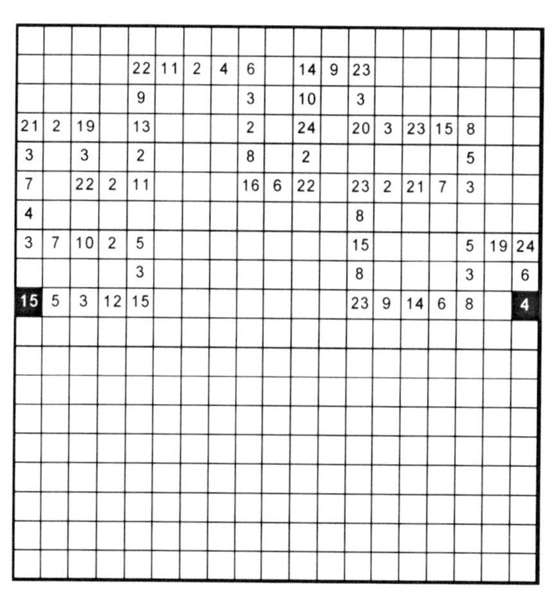

A13003

MATH MAZE PUZZLE™

SOLUTIONS

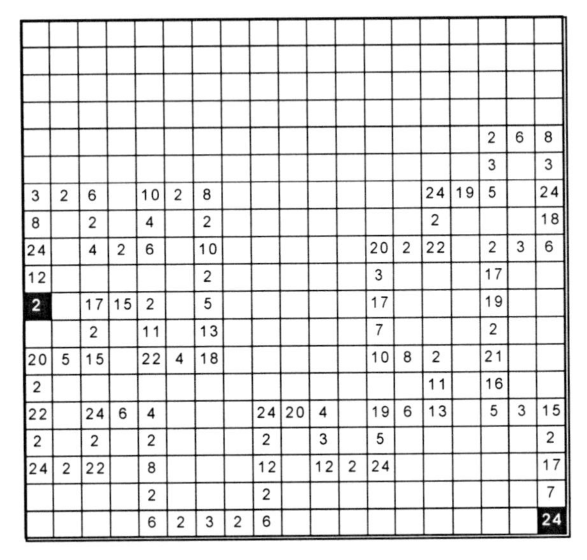

A13004

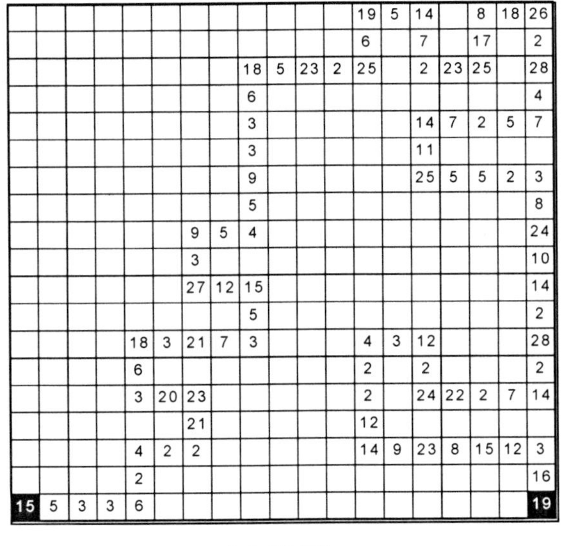

A14000

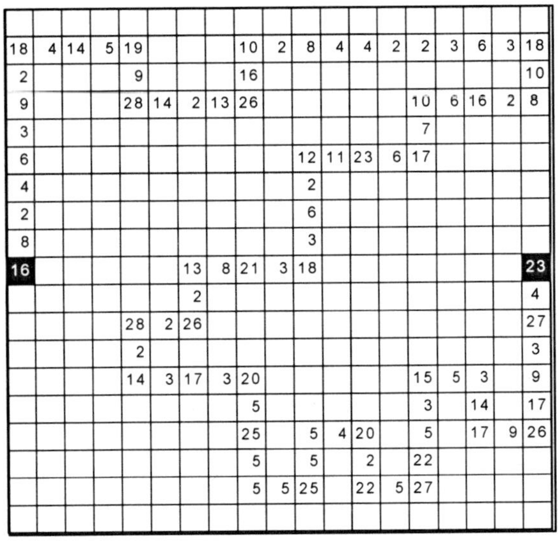

18	4	14	5	19				10	2	8	4	4	2	2	3	6	3	18
2				9				16										10
9				28	14	2	13	26						10	6	16	2	8
3														7				
6										12	11	23	6	17				
4										2								
2										6								
8										3								
16						13	8	21	3	18								23
						2												4
				28	2	26												27
				2														3
				14	3	17	3	20						15	5	3		9
								5						3		14		17
								25		5	4	20		5		17	9	26
								5		5		2		22				
								5	5	25		22	5	27				

A14001

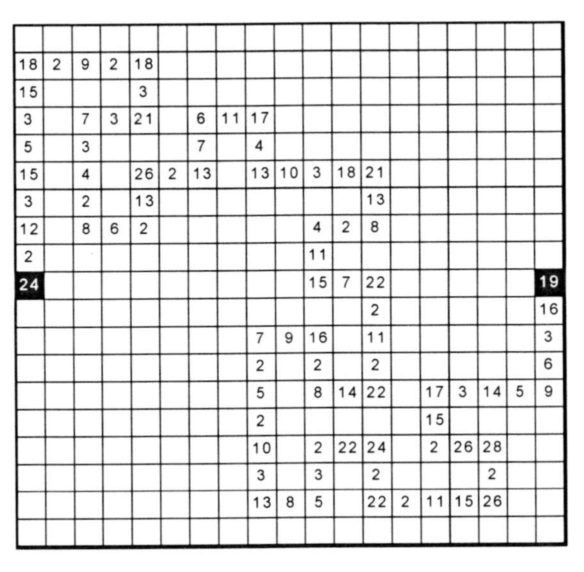

A14002

MATH MAZE PUZZLETM

SOLUTIONS

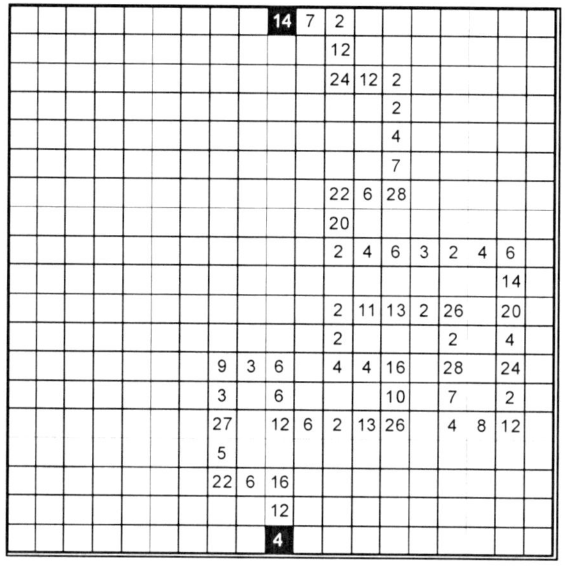

A14003

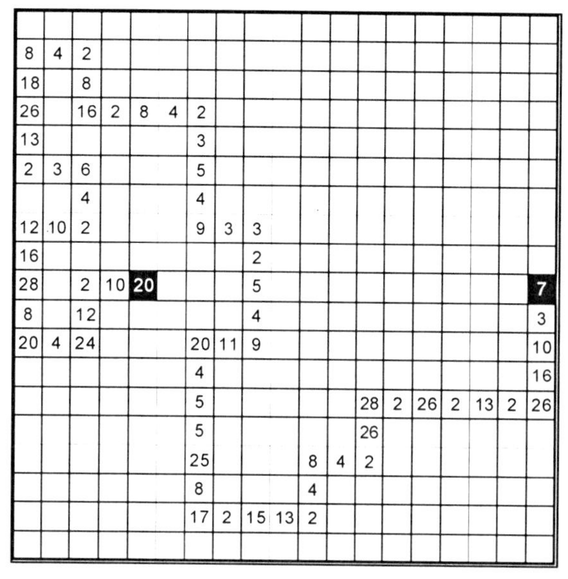

A14004

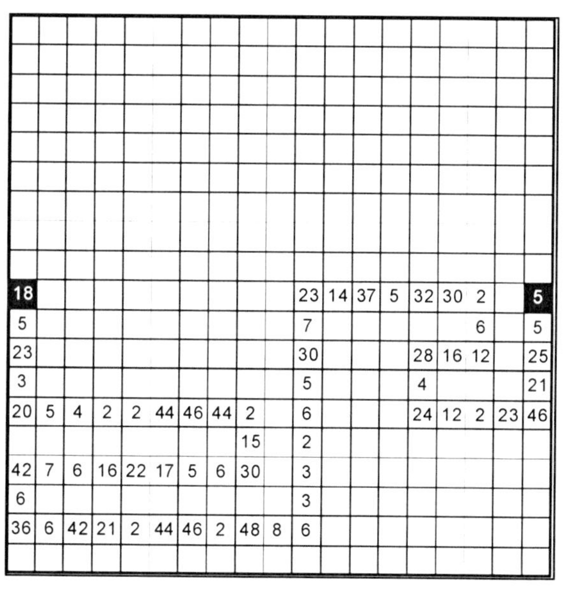

A15000

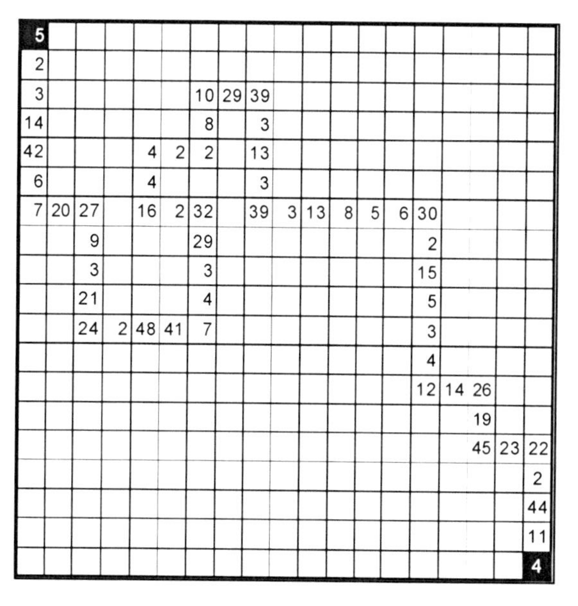

A15001

MATH MAZE PUZZLE™

SOLUTIONS

				37	3	40	2	38	18	20	10	2	44	46	12	34	7	27
				3														5
12	3	36		34										14	6	8	4	32
3				12										2				
36	4	40		22										7		12	2	24
		3		2										2		3		13
		37	7	44				15	5	3				14		9		11
								32		13				3		7		8
		5	2	3	11	33	14	47		39		7	6	42		2		3
		2								34		2				2		2
		10	2	20		12	13	25	5	5		9	2	11	7	4		5
				21		2												29
48	45	3	38	41		24	2	12	10	2	20	40		36	5	31	3	34
2														2				
46	2	48												38	10	48		
		11														6		
41	4	37						27	3	9	3	3	2	5	3	8		
7								9										
34	2	17	2	34	14	48	16	3										

A15002

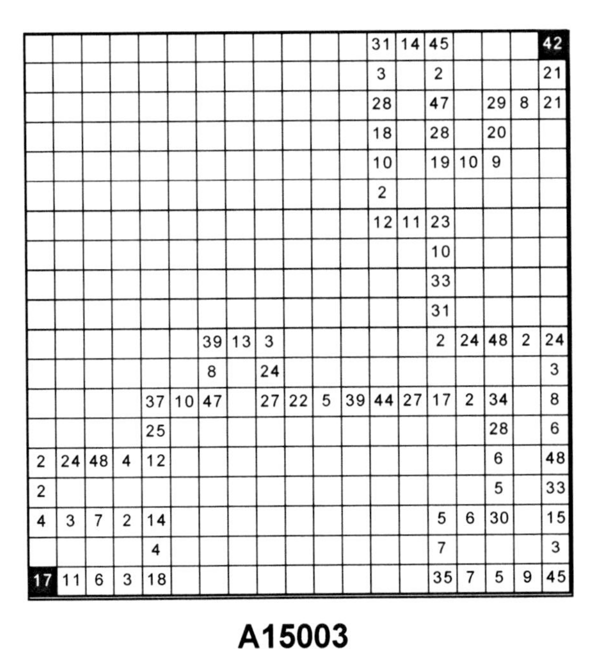

												31	14	45				42
												3		2				21
												28		47		29	8	21
												18		28		20		
												10		19	10	9		
												2						
												12	11	23				
														10				
														33				
														31				
						39	13	3						2	24	48	2	24
						8		24										3
				37	10	47		27	22	5	39	44	27	17	2	34		8
				25												28		6
2	24	48	4	12												6		48
2																5		33
4	3	7	2	14										5	6	30		15
				4										7				3
17	11	6	3	18										35	7	5	9	45

A15003

										46	38	8						32
										2		5						12
										23		40	7	33	15	48	4	44
										18								
										5								
										5								
										25	20	5						
												2						
								46	25	21	7	3						
								43										
								3	12	36	9	45	19	26				
														7				
						10	4	14	7	2	3	5		33				
						2						14		11				
47	31	16				20	9	11	2	22		19	16	3				
2										9								
45		36	6	6	20	26	15	41		13								
9		23						32		3								
5	8	13						9	30	39								

A15004

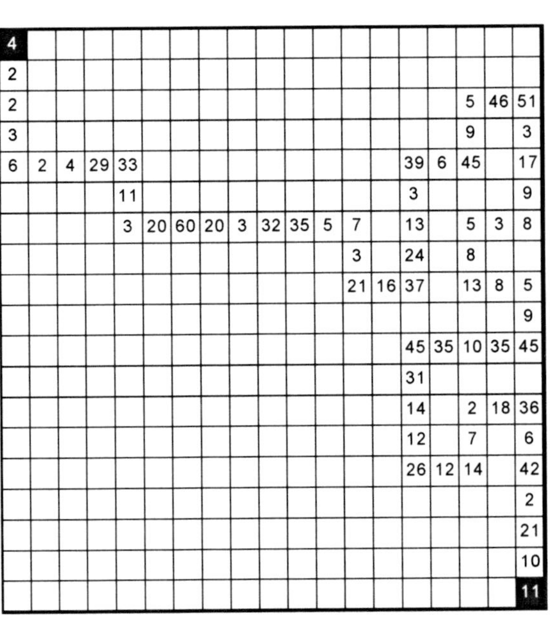

4																		
2																		
2																5	46	51
3																9		3
6	2	4	29	33										39	6	45		17
				11										3				9
				3	20	60	20	3	32	35	5	7		13		5	3	8
												3		24		8		
												21	16	37		13	8	5
																		9
														45	35	10	35	45
														31				
														14		2	18	36
														12		7		6
														26	12	14		42
																		2
																		21
																		10
																		11

A16000

MATH MAZE PUZZLE™

SOLUTIONS

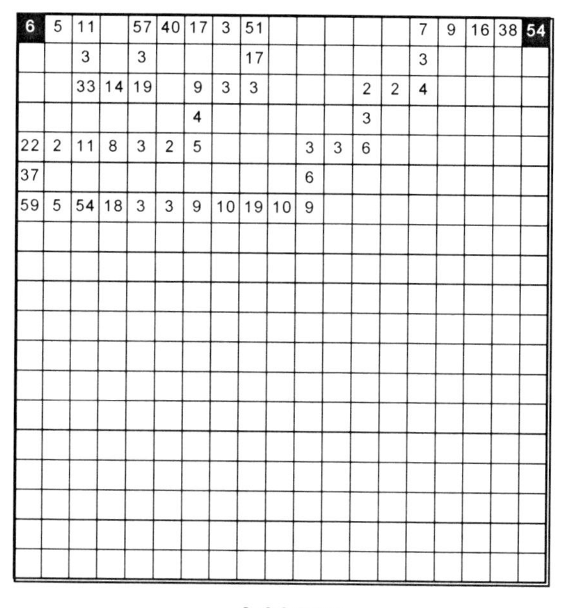

A16001

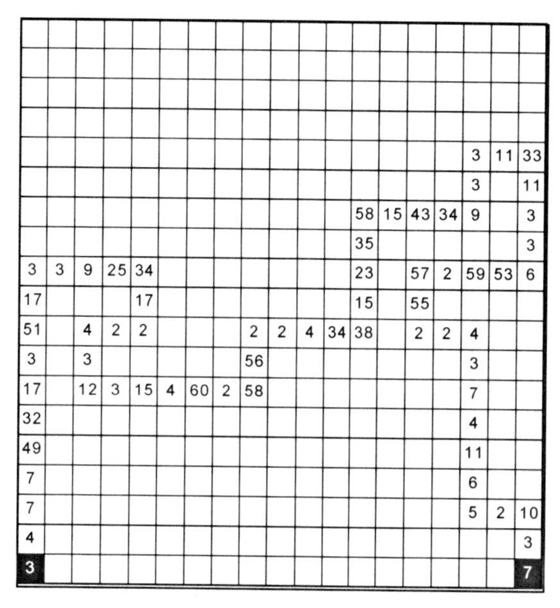

A16002

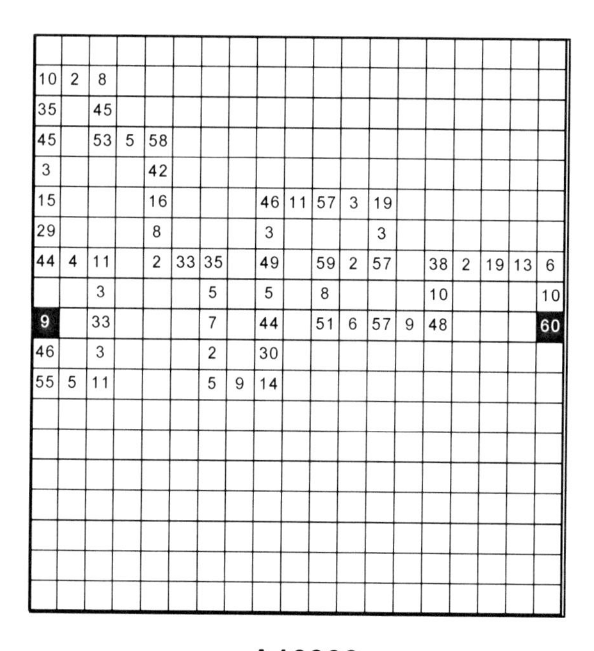

A16003

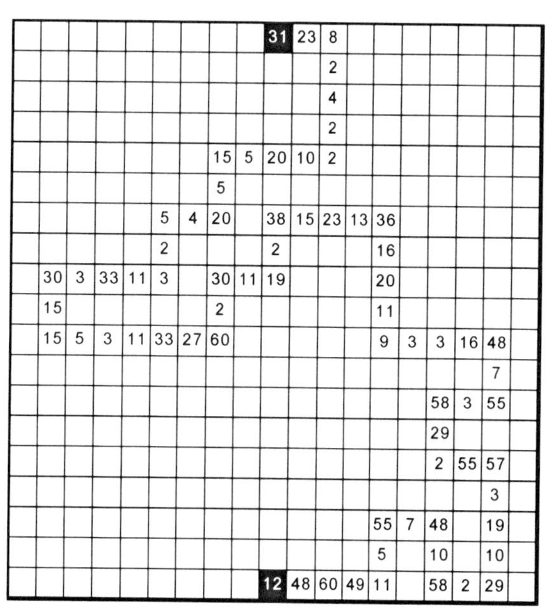

A16004

MATH MAZE PUZZLE™

SOLUTIONS

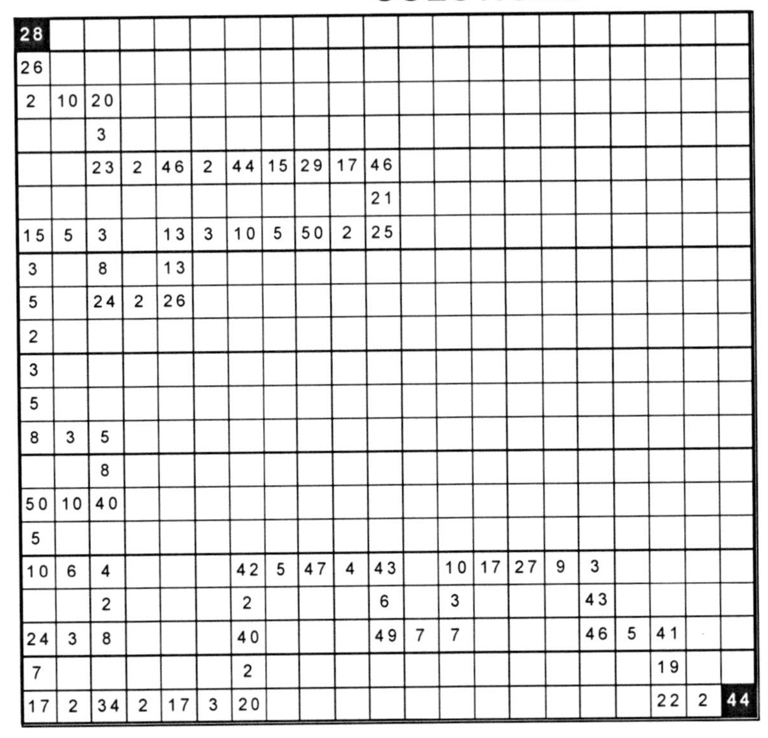

A21000

A21001

								3	11	33										
								2												
								5	5	25	14	39								
												10								
3	16	48	22	26	2	13		22	2	11	18	29								
3						8		11												
6						5	3	2												
29																				
35	14	49		2	5	7														
		7		47		2														
14		7	7	49		9														
7						5														
2	19	38	23	15	3	45														

MATH MAZE PUZZLE™

SOLUTIONS

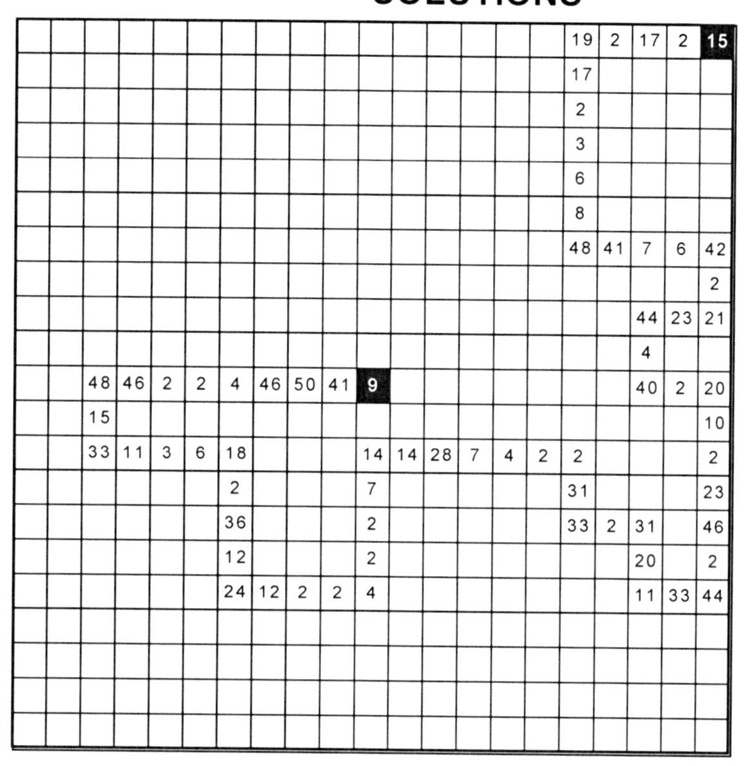

A21002

A21003

								3	6	18	14	32	20	12		23	2	46		
								10						3		9		2		
								13	23	36	18	2		4	8	32		48	4	12
												2								2
												4	7	28	23	5				24
																9				23
49	21	28						24	2	48	2	50				45		49	2	47
23		5						2				36				9		20		
26		33				25	13	12		28	2	14				5		29		
9		3				2				7						4		2		
17		30				50				4		38	3	35	15	20		27		
		2				5				3		2						3		
		28				10				7		19				4	5	9		
		2				7				5		7				42				
		14	2	7	4	3				2	13	26				46				
																9				
36	24	12	8	4										22	15	37				
13				42										15						
49		36	10	46		44	22	2				42	5	37						
7		9				11		3				39								
7		4	16	20	16	4		5	3	15	5	3								

MATH MAZE PUZZLE™

SOLUTIONS

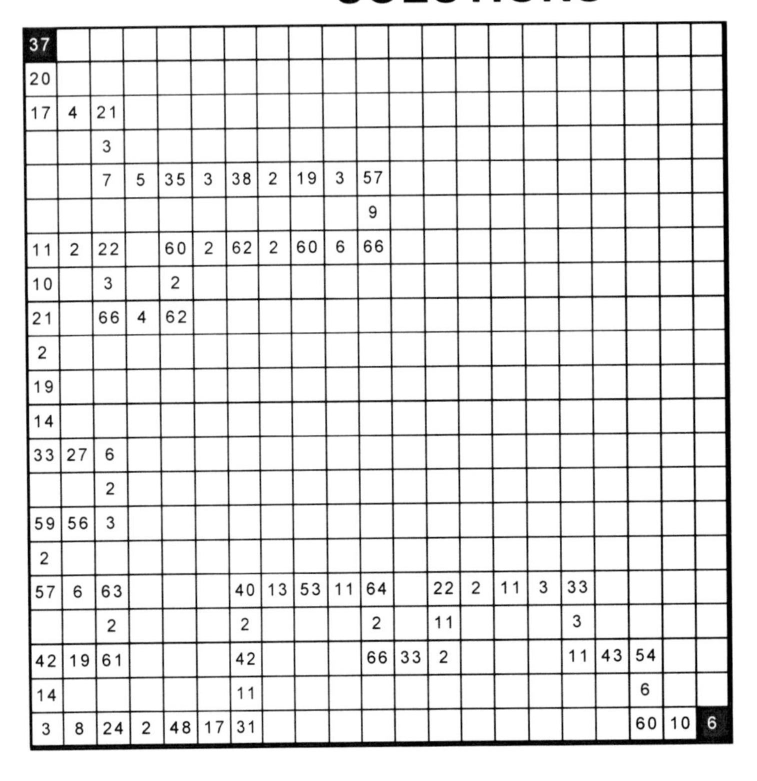

A22000

A22001

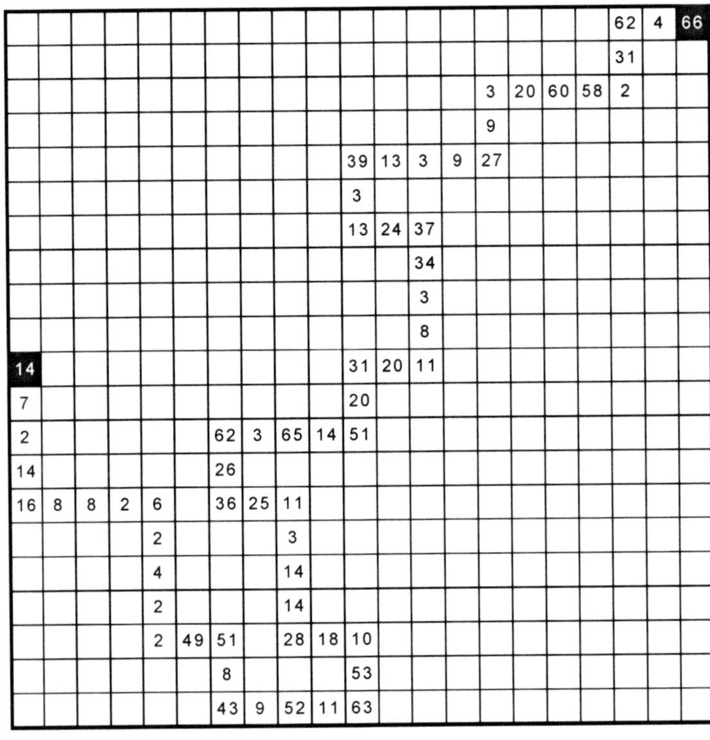

MATH MAZE PUZZLE™

SOLUTION

A22002

										27	2	54	41	13	47	60		11	2	9
										3						3		55		
										9	3	27	25	2		63	3	66		
														3						
						9	3	27	8	35				5	7	12				
						2				32						4				
		19	2	38		18				3						3				
		2		27		2				37						5				
7	31	38		65		9				40	26	66	25	41	33	8				
7				14		7														
49	41	8		51	12	63														
		5																		
		13	16	29																
				30																
		42	17	59																
		40																		
4	2	2		5																
4				6																
8		6	5	11																
3		49																		
11	5	55																		

A23000

52		37	30	67		35	2	70	68	2		12	5	60	30	2	17	34		
18		35		41		33				33		4						19		
70		2		26	13	2				66	22	3		4	9	13	2	15		
65		2												2						
5		4	10	14	54	68								2		20	17	3		
6						8								8		18		20		
30	29	59	53	6		60								10		2		60	4	15
				10		4								5		23				4
				60	4	15								2		46				60
														23		4				2
														46		50	25	2		30
														2				58		6
														23	20	3	20	60		5
																				14
										23	34	57	31	26	6	32				70
										20						2				2
										43	31	12				64	4	68	33	35
												4								
												48								
												3								
										11	5	16								

MATH MAZE PUZZLE™

SOLUTIONS

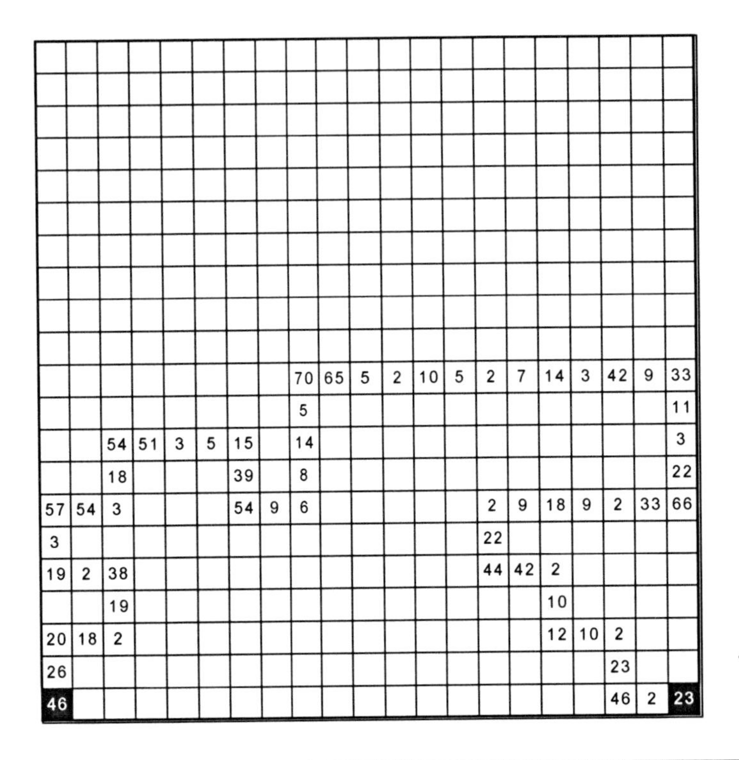

A23001

A23002

15																18	3	6	11	66
4																2				10
11																36				56
57																24				53
68		2	5	7	9	63								20	40	60				3
2		3				4								4						4
34		5	6	30		67	20	47						16						12
6				10				6						3						15
28		21	7	3				41						48	17	31				27
8		2						5								2				43
20		19						46		64	9	55	14	69	7	62		68	2	70
4		16						23										34		
5	2	3						69										2	11	22
								23												48
						36	12	3												70
						5														10
						41		6	2	3	60	63	7	70	25	45	18	63	9	7
						35		6												
						6		36												
						5		11												
						30	5	25												

MATH MAZE PUZZLE™

SOLUTIONS

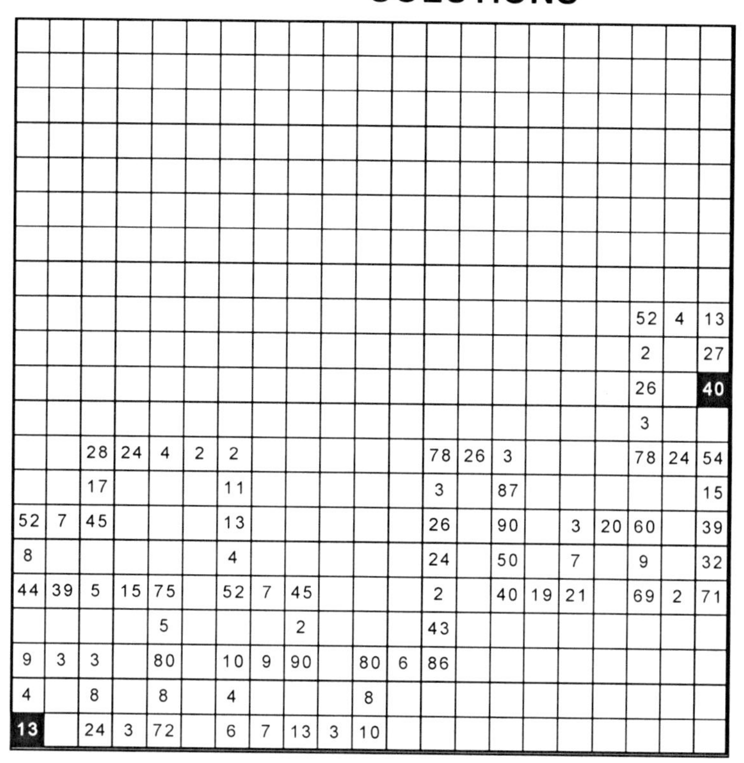

A24000

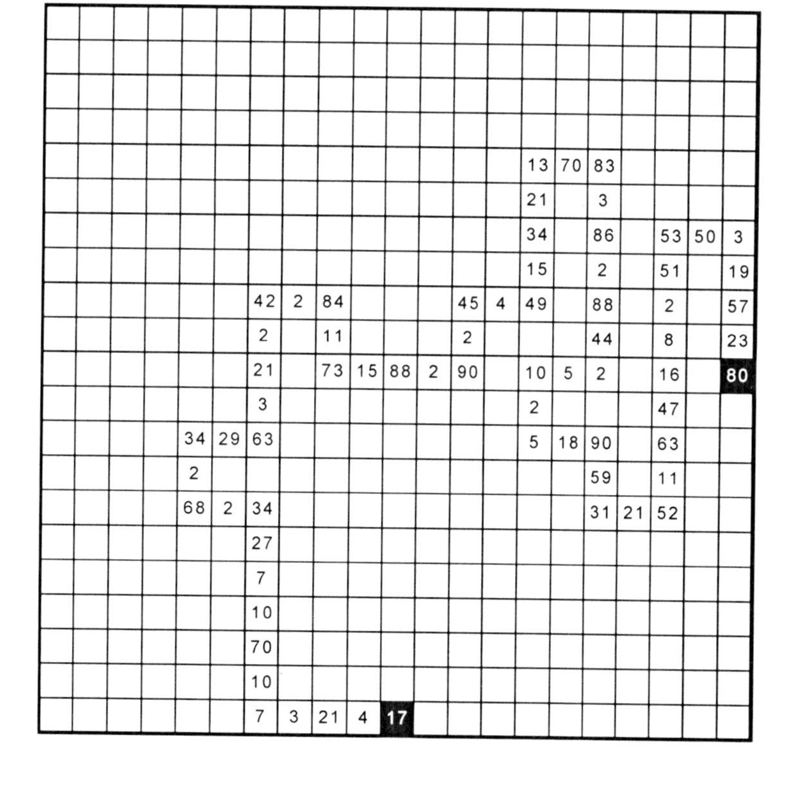

A24001

MATH MAZE PUZZLE™

SOLUTIONS

A24002

		27	16	43	7	36		35	28	7	2	14								
		23				6		7				17								
		4	2	2		30	6	5		24	7	31								
				40						26										
				80						50										
				61						36										
		14	5	19						86	49	37								
		2										28								
35	28	7										9								
13												5								
22										15	3	45								
17										5										
39	11	50								3						42	29	13	77	90
		14								6						46				2
		36								9	81	90	15	6	82	88		8	11	88
		2																75		
		72	4	18				43	3	40	8	32		25	5	5		83	26	57
				72				5				29		3		3				3
				90	80	10		48	8	6		3	25	75		2		2	27	54
						5				5						4		9		
86	9	77	3	80	30	50				11						6	3	18		

A25000

						92	15	77		88	22	4								
						7		2				2								
						99		75	17	58	29	2								
						47														
						52	11	63	3	21										
										10										
								4	7	11										
								20												
								24												
								4												
						2	3	6												
						9														
				15	3	18		6	4	2										
				30				9		42										
				45		27	2	54		84	4	88								
				25		3						10								
				70		81	9	9	8	72		98								
				16						2		11								
				86	62	24	3	72	2	36		87								
												3								
										58	2	29								

MATH MAZE PUZZLETM

SOLUTIONS

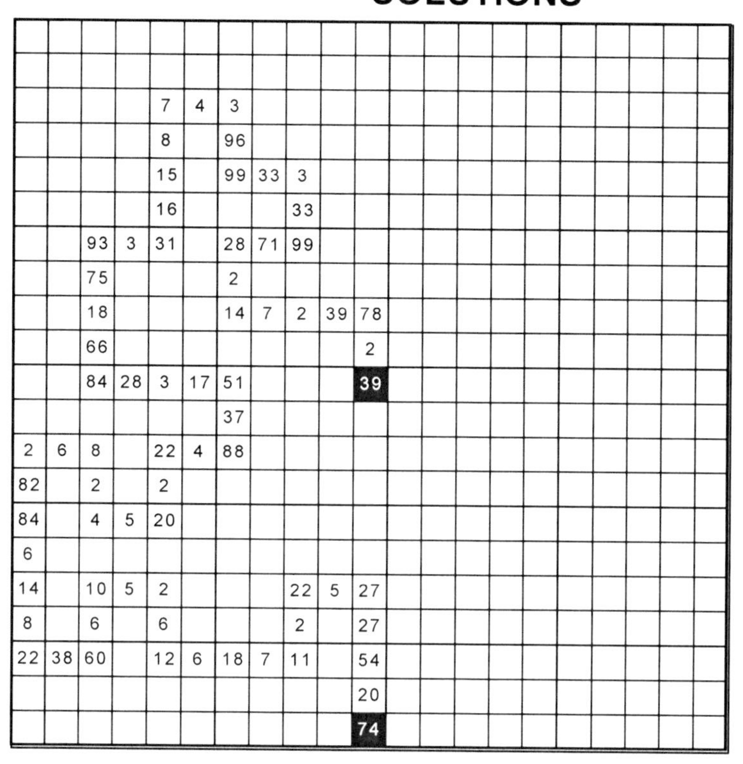

A25001

A25002

60	7	67	9	76	5	81														
						3														
						27	2	54												
								27												
30	15	2	10	20	40	60		81												
5						12		10												
35	15	50	2	25		48		71	41	30										
				3		3				2										
				75		16	52	68		60										
				15				65		3										
77	35	42		5	30	35		3	19	57										
23		14				19														
54		3				54	14	68		66	2	68								
18		4						17		33		5								
3		7		37	35	2	2	4		2		73								
23		5		2						31		16								
69		2	37	74		59	28	31	2	62		57								
7						57						42								
76		64	2	66		2				30	2	15								
12		2		6		22				5										
64	2	32		11	4	44				25										

MATH MAZE PUZZLE™

AA2002

2	6	12												
		3												
		9	-3	-3										
				3										
				-9	-12	3								
						-3								
		-9	-3	3	-3	-9								
		-12												
		3		-9	3	-12								
		4		-12		-4								
		7	-4	3		-8	-5	-3	-4	12				
										4				
										8				
										-2				
										6	-3	-2	6	-8

2 * 6 = 12	12 - 3 = 9	9 / -3 = -3	-3 * 3 = -9
-9 - -12 = 3	3 * -3 = -9	-9 / -3 = 3	3 * -3 = -9
-9 - -12 = 3	3 + 4 = 7	7 + -4 = 3	3 + -12 = -9
-9 - 3 = -12	-12 - -4 = -8	-8 - -5 = -3	-3 * -4 = 12
12 - 4 = 8	8 + -2 = 6	6 / -3 = -2	-2 - 6 = -8

MATH MAZE PUZZLE™

AA2004

-5		-9	2	-7	-5	-2	9	7	10	-3	7	-10		
-2		3										4		
10		-12				-8	-11	3	-11	-8		-6		
3		2				-12				10		-3		
7		-6	-4	-2	-2	4				2		2		
-11										5		-6		
-4	-3	12	4	8	-2	6	2	12	-5	7		-4	-6	-10
														-5
												8	4	2
												-3		
												11	-5	6
														-2
										-10	-2	5	8	-3
										12				
										2	-2	4	2	2

-5	*	-2	=	10	10	-	3	=	7	7	+	-11	=	-4	-4	*	-3	=	12
12	-	4	=	8	8	+	-2	=	6	6	*	2	=	12	12	+	-5	=	7
7	-	5	=	2	2	-	10	=	-8	-8	-	-11	=	3	3	+	-11	=	-8
-8	-	-12	=	4	4	/	-2	=	-2	-2	+	-4	=	-6	-6	*	2	=	-12
-12	+	3	=	-9	-9	+	2	=	-7	-7	-	-5	=	-2	-2	+	9	=	7
7	-	10	=	-3	-3	-	7	=	-10	-10	+	4	=	-6	-6	/	-3	=	2
2	+	-6	=	-4	-4	+	-6	=	-10	-10	/	-5	=	2	2	*	4	=	8
8	-	-3	=	11	11	+	-5	=	6	6	/	-2	=	-3	-3	+	8	=	5
5	*	-2	=	-10	-10	+	12	=	2	2	-	-2	=	4	4	/	2	=	2

MATH MAZE PUZZLE™

AA4001

8	-4	-2	-15	13	4	9								-10	8	-2
-2						13								6		-6
6						-4						-8	2	-16		12
-6						2						-6				-2
12		2	4	8	-10	-2						-14		-8	2	-6
-15		-10										-2		-13		
-3		-8		2	9	-7	-3	-10	-2	5	-2	7		5	2	10
3		-2		6												-6
-9		16	4	12												16
																-2
																-8
																2
												7	5	2		-4
												15		-13		-10
										6	14	-8		15	9	6
										11						
								3	8	-5						

-9	/	3	=	-3	-3	-	-15	=	12	12	+	-6	=	6	6	-	-2	=	8
8	/	-4	=	-2	-2	-	-15	=	13	13	-	4	=	9	9	-	13	=	-4
-4	/	2	=	-2	-2	-	-10	=	8	8	/	4	=	2	2	+	-10	=	-8
-8	*	-2	=	16	16	-	4	=	12	12	/	6	=	2	2	-	9	=	-7
-7	+	-3	=	-10	-10	/	-2	=	5	5	-	-2	=	7	7	*	-2	=	-14
-14	-	-6	=	-8	-8	*	2	=	-16	-16	+	6	=	-10	-10	+	8	=	-2
-2	*	-6	=	12	12	/	-2	=	-6	-6	-	2	=	-8	-8	-	-13	=	5
5	*	2	=	10	10	-	-6	=	16	16	/	-2	=	-8	-8	/	2	=	-4
-4	-	-10	=	6	6	+	9	=	15	15	+	-13	=	2	2	+	5	=	7
7	-	15	=	-8	-8	+	14	=	6	6	-	11	=	-5	-5	+	8	=	3

MATH MAZE PUZZLE™

AA4002

3		12	5	7														
4		2		-2														
12	2	6		5	-16	-11												
						13												
						2	2	4										
								2										
				-12	2	-6		2	16	-14								
				14		4				7								
				2		-2	-7	14	-2	-7								
				-7														
				-14		7	-2	5	11	16								
				12		13				-2								
				-2		-6	-8	-14		-8		-6	-5	-11				
				2				-2		2		3		4				
				-4	5	-9	-7	-16		-4	2	-2		-15				
														-8				
-11	2	-13	-3	-10	2	-5	-8	3	-3	-9	-5	-14	2	-7		4	4	8
-14																-12		-4
3	-3	6	-3	-2	-6	-8	2	-16	-3	-13	-6	-7	-11	4	4	16		-2

3	*	4	=	12	12	/	2	=	6	6	*	2	=	12	12	-	5	=	7
7	+	-2	=	5	5	+	-16	=	-11	-11	+	13	=	2	2	*	2	=	4
4	/	2	=	2	2	-	16	=	-14	-14	+	7	=	-7	-7	*	-2	=	14
14	/	-7	=	-2	-2	-	4	=	-6	-6	*	2	=	-12	-12	+	14	=	2
2	*	-7	=	-14	-14	+	12	=	-2	-2	-	2	=	-4	-4	-	5	=	-9
-9	+	-7	=	-16	-16	-	-2	=	-14	-14	-	-8	=	-6	-6	+	13	=	7
7	+	-2	=	5	5	+	11	=	16	16	/	-2	=	-8	-8	/	2	=	-4
-4	/	2	=	-2	-2	*	3	=	-6	-6	+	-5	=	-11	-11	-	4	=	-15
-15	-	-8	=	-7	-7	*	2	=	-14	-14	-	-5	=	-9	-9	/	-3	=	3
3	+	-8	=	-5	-5	*	2	=	-10	-10	+	-3	=	-13	-13	+	2	=	-11
-11	-	-14	=	3	3	-	-3	=	6	6	/	-3	=	-2	-2	+	-6	=	-8
-8	*	2	=	-16	-16	-	-3	=	-13	-13	-	-6	=	-7	-7	-	-11	=	4
4	*	4	=	16	16	+	-12	=	4	4	+	4	=	8	8	/	-4	=	-2

MATH MAZE PUZZLE™

AA4003

				-4	12	-16	2	-8	-13	5	-6	11	3	14		-16	10	**-6**
				-2										-12		-2		
				2		-13	-7	-6	2	-12	3	-9		2		-14		
				-8		-8						5		-6		-6		
				-16	-11	-5		14	-7	-2	2	-4		8		-8	-13	5
								7						2				4
						-11	-13	2		-3	5	-15		10	-5	5	-4	9
						-4				-16		-6						
						-7		-3	-16	13		-9	3	-3				
						13		3						-16				
-15	3	-5				6	12	-6				3	10	13				
-12		-7										-16						
-3		-12	14	2	9	11	-3	14		-3	10	-13						
-2								-2		13								
-5	-11	-16				14	-2	-7		-16								
		-2				-7				4								
		-14				-2		2	-6	-12								
		-7				-7		2										
6	-13	-7				-9	13	4										

-6	-	10	=	-16	-16	-	-2	=	-14	-14	-	-6	=	-8	-8	-	-13	=	5
5	+	4	=	9	9	+	-4	=	5	5	-	-5	=	10	10	-	2	=	8
8	+	-6	=	2	2	-	-12	=	14	14	-	3	=	11	11	+	-6	=	5
5	+	-13	=	-8	-8	*	2	=	-16	-16	+	12	=	-4	-4	/	-2	=	2
2	*	-8	=	-16	-16	-	-11	=	-5	-5	+	-8	=	-13	-13	-	-7	=	-6
-6	*	2	=	-12	-12	+	3	=	-9	-9	+	5	=	-4	-4	/	2	=	-2
-2	*	-7	=	14	14	/	7	=	2	2	+	-13	=	-11	-11	-	-4	=	-7
-7	+	13	=	6	6	-	12	=	-6	-6	+	3	=	-3	-3	-	-16	=	13
13	+	-16	=	-3	-3	*	5	=	-15	-15	-	-6	=	-9	-9	/	3	=	-3
-3	-	-16	=	13	13	-	10	=	3	3	+	-16	=	-13	-13	+	10	=	-3
-3	-	13	=	-16	-16	+	4	=	-12	-12	/	-6	=	2	2	+	2	=	4
4	-	13	=	-9	-9	-	-7	=	-2	-2	*	-7	=	14	14	/	-2	=	-7
-7	*	-2	=	14	14	+	-3	=	11	11	-	9	=	2	2	-	14	=	-12
-12	-	-7	=	-5	-5	*	3	=	-15	-15	-	-12	=	-3	-3	+	-2	=	-5
-5	+	-11	=	-16	-16	-	-2	=	-14	-14	-	-7	=	-7	-7	-	-13	=	6

MATH MAZE PUZZLE™

AA5002

												18	15	3	-12	-9	-2	-11	-2	-13
												2								5
								4	-14	18	2	9						-9	-9	-18
								-11										-2		
						8	7	15										18	-13	5
						18														-17
						-10	-2	5	-11	-6								-6	-6	-12
										-9								-7		
										3								-13		
										-8								-5		
										-5	3	-2	2	-4		-14	4	-18		
														2		-7				
												-2	4	-8		2				
												7				13				
										10	2	5				-11				
										7						15				
		-10	-7	-17	7	-10				17		-4	4	-16	-4	4				
		-3				-2				12		2								
-6	-7	-13				5	-3	2	3	5		-2								
2												-6								
-12												12	-3	-4	-2	8	-2	-16	-8	**2**

-12	/	2	=	-6	-6	+	-7	=	-13	-13	-	-3	=	-10	-10	+	-7	=	-17
-17	+	7	=	-10	-10	/	-2	=	5	5	+	-3	=	2	2	+	3	=	5
5	+	12	=	17	17	-	7	=	10	10	/	2	=	5	5	-	7	=	-2
-2	*	4	=	-8	-8	/	2	=	-4	-4	/	2	=	-2	-2	-	3	=	-5
-5	-	-8	=	3	3	+	-9	=	-6	-6	-	-11	=	5	5	*	-2	=	-10
-10	+	18	=	8	8	+	7	=	15	15	+	-11	=	4	4	-	-14	=	18
18	/	2	=	9	9	*	2	=	18	18	-	15	=	3	3	+	-12	=	-9
-9	+	-2	=	-11	-11	+	-2	=	-13	-13	-	5	=	-18	-18	-	-9	=	-9
-9	*	-2	=	18	18	+	-13	=	5	5	+	-17	=	-12	-12	-	-6	=	-6
-6	+	-7	=	-13	-13	+	-5	=	-18	-18	+	4	=	-14	-14	/	-7	=	2
2	-	13	=	-11	-11	+	15	=	4	4	*	-4	=	-16	-16	/	4	=	-4
-4	/	2	=	-2	-2	*	-6	=	12	12	/	-3	=	-4	-4	*	-2	=	8
8	*	-2	=	-16	-16	/	-8	=	2										

MATH MAZE PUZZLE™

AA6001

						-20	2	-10	-2	5	-7	-2	-7	14	-2	12		-7	16	9
						-10										12		19		
						2	14	-12	3	-4						24	2	12		
										20										
-5	-10	-15	-4	-19	-7	-12	20	8	2	16										
17																				
12	-2	-24		4	2	8	-3	-24												
		3		-6				-15												
		-8	3	-24				-9												
								-19												
								10	2	5	-19	24	-3	21	7	14				
																7				
																2				
																12				
								13	-2	15	-9	24	2	12	-2	14				
								-5												
								8	-4	-2	5	3		-6	8	-14	5	-9		
												-5		3				18		
												-15		-18	-13	-5		9		
												7				-24		-2		
												-8	-3	24	5	19		-18	3	-21

9	-	16	=	-7	-7	+	19	=	12	12	*	2	=	24	24	-	12	=	12
12	-	-2	=	14	14	/	-7	=	-2	-2	-	-7	=	5	5	*	-2	=	-10
-10	*	2	=	-20	-20	/	-10	=	2	2	-	14	=	-12	-12	/	3	=	-4
-4	+	20	=	16	16	/	2	=	8	8	-	20	=	-12	-12	+	-7	=	-19
-19	-	-4	=	-15	-15	-	-10	=	-5	-5	+	17	=	12	12	*	-2	=	-24
-24	/	3	=	-8	-8	*	3	=	-24	-24	/	-6	=	4	4	*	2	=	8
8	*	-3	=	-24	-24	-	-15	=	-9	-9	-	-19	=	10	10	/	2	=	5
5	-	-19	=	24	24	+	-3	=	21	21	-	7	=	14	14	/	7	=	2
2	+	12	=	14	14	+	-2	=	12	12	*	2	=	24	24	+	-9	=	15
15	+	-2	=	13	13	+	-5	=	8	8	/	-4	=	-2	-2	+	5	=	3
3	*	-5	=	-15	-15	+	7	=	-8	-8	*	-3	=	24	24	-	5	=	19
19	+	-24	=	-5	-5	+	-13	=	-18	-18	/	3	=	-6	-6	-	8	=	-14
-14	+	5	=	-9	-9	+	18	=	9	9	*	-2	=	-18	-18	-	3	=	-21

MATH MAZE PUZZLE™

PUZZLE 2

29	9	38								9	2					
		2								3	7	3				
38	2	19		2	19	38				6		21	18	3		
2	19	5	24	12		2	17	10	27	3				6		
						19	2		9	3				18	3	33
														7	11	7
																26
																3
																23
																11
																34
																22
												32	6	26	14	12
												13	16	5		
												19	3	11	2	4
														3	8	2
																2

29	+	9	=	38	38	/	2	=	19	19	*	2	=	38	38	/	2	=	19
19	+	5	=	24	24	/	12	=	2	2	*	19	=	38	38	/	2	=	19
19	-	2	=	17	17	+	10	=	27	27	/	9	=	3	3	+	3	=	6
6	+	3	=	9	9	-	2	=	7	7	*	3	=	21	21	-	18	=	3
3	*	6	=	18	18	-	7	=	11	11	*	3	=	33	33	-	7	=	26
26	-	3	=	23	23	+	11	=	34	34	-	22	=	12	12	+	14	=	26
26	+	6	=	32	32	-	13	=	19	19	-	3	=	16	16	-	5	=	11
11	-	3	=	8	8	/	2	=	4	4	-	2	=	2					

MATH MAZE PUZZLE™

PUZZLE 3

26	40	42														
24	2	6														
	2	7														
2	5															
10	2	5														
6	40	8														
34									7	35						
17							35	7	5	26	9					
2		11	18	29	7	22	24			2	7					
26	28	17				2	11		31	29						
								6	25							
								3	2							
									15	30	4				8	32
											34	28	2	10	4	5
												6	3	12	8	37
													41	2	39	2
													24	17	12	29

26	-	24	=	2	2	+	40	=	42	42	/	6	=	7	7	-	2	=	5
5	*	2	=	10	10	/	2	=	5	5	*	8	=	40	40	-	6	=	34
34	/	17	=	2	2	+	26	=	28	28	-	17	=	11	11	+	18	=	29
29	-	7	=	22	22	/	2	=	11	11	+	24	=	35	35	/	7	=	5
5	*	7	=	35	35	-	26	=	9	9	-	7	=	2	2	+	29	=	31
31	-	25	=	6	6	/	3	=	2	2	*	15	=	30	30	+	4	=	34
34	-	28	=	6	6	/	3	=	2	2	+	10	=	12	12	-	8	=	4
4	*	8	=	32	32	+	5	=	37	37	+	2	=	39	39	+	2	=	41
41	-	24	=	17	17	+	12	=	29										

MATH MAZE PUZZLETM

PUZZLE 4

27	10															
	17	3	2													
	11	6	7	14								9	3			
			42	3		4	28				45	5	27			
			4	46		7	11	39		42	3		17	44	39	
			23	23	18	11	45	6	21	2					5	
		46	2	3	6		2	47	26				3	21	16	
		2	23	20									7	5		
														2	18	
														19	36	
													2	17		
													34			
											13	17	2			
											4	2	14	34	8	19
											4	16	3	42		27
															29	2
															6	35

27	-	10	=	17	17	-	11	=	6	6	/	3	=	2	2	*	7	=	14
14	*	3	=	42	42	+	4	=	46	46	-	23	=	23	23	*	2	=	46
46	/	2	=	23	23	-	20	=	3	3	*	6	=	18	18	-	11	=	7
7	*	4	=	28	28	+	11	=	39	39	+	6	=	45	45	+	2	=	47
47	-	26	=	21	21	*	2	=	42	42	+	3	=	45	45	/	5	=	9
9	*	3	=	27	27	+	17	=	44	44	-	39	=	5	5	+	16	=	21
21	/	3	=	7	7	-	5	=	2	2	*	18	=	36	36	-	19	=	17
17	*	2	=	34	34	/	2	=	17	17	-	13	=	4	4	*	4	=	16
16	-	2	=	14	14	*	3	=	42	42	-	34	=	8	8	+	19	=	27
27	+	2	=	29	29	+	6	=	35										

MATH MAZE PUZZLE™

PUZZLE 6

27		16	8													
3	30	14	2	8	11											
			17	19	10	21										
						4	25									
							11	36								
							13	23								
						25	12							10	3	
						21	46							7	30	5
							32	14					30	17	7	6
								3	42	37		45	47		42	
										5	5	2	21	46	4	
											25	5	23	2	48	24
							17	15	18	2		5	21	2		2
							32	21	36	5	10	5	6	3	21	19
							14	46	2			11	5		5	16
									48		15	4			32	2
									6	8	7				4	8

27	+	3	=	30	30	-	14	=	16	16	/	8	=	2	2	+	17	=	19
19	-	8	=	11	11	+	10	=	21	21	+	4	=	25	25	+	11	=	36
36	-	23	=	13	13	+	12	=	25	25	+	21	=	46	46	-	32	=	14
14	*	3	=	42	42	-	37	=	5	5	*	5	=	25	25	/	5	=	5
5	+	5	=	10	10	/	5	=	2	2	*	18	=	36	36	-	21	=	15
15	+	17	=	32	32	+	14	=	46	46	+	2	=	48	48	/	6	=	8
8	+	7	=	15	15	-	4	=	11	11	-	5	=	6	6	/	3	=	2
2	+	21	=	23	23	-	21	=	2	2	+	45	=	47	47	-	30	=	17
17	-	7	=	10	10	*	3	=	30	30	/	5	=	6	6	*	7	=	42
42	+	4	=	46	46	+	2	=	48	48	/	24	=	2	2	+	19	=	21
21	-	5	=	16	16	*	2	=	32	32	/	4	=	8					

MATH MAZE PUZZLE™

PUZZLE 20

37	2	67		8	5	8	2	19	2	38	2	19						
32	69	32	2	4	40	9	16	3	5	29	34	4	15					
	7	35	5	20	2	17	18	66	13	65	3		4					
	28	4	7	5		2	48	64	2	13	37	23	60					
				4	32	34	27	21	3	5								
				2	2		7	3										
							3											
							21	7	3									
									65	68	7	61				11	2	9
											66	5	28	2	14	3		3
										64	2		41			8	35	3
										2	32		69		2	4	43	40
											5	27	51	18	4	6	3	
												3	9	2			9	3
																		3
																7	17	14
															6	10		
															60			
															5	55	11	**5**

37	+	32	=	69	69	-	2	=	67	67	-	32	=	35	35	-	7	=	28
28	/	4	=	7	7	-	5	=	2	2	*	4	=	8	8	*	5	=	40
40	/	2	=	20	20	/	5	=	4	4	/	2	=	2	2	+	32	=	34
34	/	2	=	17	17	-	9	=	8	8	*	2	=	16	16	+	3	=	19
19	*	2	=	38	38	/	2	=	19	19	-	4	=	15	15	*	4	=	60
60	-	23	=	37	37	-	3	=	34	34	-	29	=	5	5	*	13	=	65
65	/	13	=	5	5	-	3	=	2	2	+	64	=	66	66	-	18	=	48
48	-	27	=	21	21	/	3	=	7	7	*	3	=	21	21	/	7	=	3
3	+	65	=	68	68	-	7	=	61	61	+	5	=	66	66	-	2	=	64
64	/	2	=	32	32	-	5	=	27	27	/	3	=	9	9	*	2	=	18
18	+	51	=	69	69	-	41	=	28	28	/	2	=	14	14	-	3	=	11
11	-	2	=	9	9	/	3	=	3	3	+	40	=	43	43	-	35	=	8
8	/	4	=	2	2	+	4	=	6	6	+	3	=	9	9	/	3	=	3
3	+	14	=	17	17	-	7	=	10	10	*	6	=	60	60	-	5	=	55
55	/	11	=	5															

MATH MAZE PUZZLE™

PUZZLE 22

																19	48	
																29	2	24
			56	10	46	13								21	16	2	58	3
			4	52	2	59								**37**	16	32	10	8
				4	54	11		43	4	2					64	2	48	3
				50		70	23	47		2					8	56	8	5
				20	30		2	24		21				23	59	8		14
					34	64	32	48	3	23	18	41		36		67		70
								27	16			2	43	7		3	70	2
								43	17								2	35
			20	4				18	60									
			27	5	3	2	8	42										
			47	4		25	34	2										
				43		50		68	8									
						2	25		60	49								
							5	5	55	11								
								61	66									

43	+	4	=	47	47	-	27	=	20	20	/	4	=	5	5	-	3	=	2
2	*	25	=	50	50	/	2	=	25	25	/	5	=	5	5	+	61	=	66
66	-	55	=	11	11	+	49	=	60	60	+	8	=	68	68	/	2	=	34
34	+	8	=	42	42	+	18	=	60	60	-	17	=	43	43	-	27	=	16
16	*	3	=	48	48	/	24	=	2	2	*	32	=	64	64	-	34	=	30
30	+	20	=	50	50	+	4	=	54	54	-	2	=	52	52	+	4	=	56
56	-	10	=	46	46	+	13	=	59	59	+	11	=	70	70	-	23	=	47
47	-	43	=	4	4	-	2	=	2	2	+	21	=	23	23	+	18	=	41
41	+	2	=	43	43	-	7	=	36	36	+	23	=	59	59	+	8	=	67
67	+	3	=	70	70	/	2	=	35	35	*	2	=	70	70	/	14	=	5
5	+	3	=	8	8	*	3	=	24	24	*	2	=	48	48	-	19	=	29
29	*	2	=	58	58	-	10	=	48	48	+	8	=	56	56	+	8	=	64
64	/	2	=	32	32	-	16	=	16	16	+	21	=	37					

ABOUT THE AUTHOR

Ralph Colao received his bachelor's degree in electrical engineering from the State University of New York. Soon after he began his career in a research organization where he spent seven years engaged in the development of state of the art digital circuits and systems. Subsequently he transferred his expertise to an aerospace company. Here, for the next thirty years, he was directly responsible for the successful design and development of several sophisticated airborne and missile borne computer systems.

Ralph Colao holds patents in the field of computer circuits and dynamic computer memories. He has also copyrighted math enhancements and board games.

He has taught engineering students at evening classes, and trained engineers and technicians. As a hobby he tutored, in math, children and high school students. Also, as a hobby, he coached soccer at the local high school.

CPSIA information can be obtained at www.ICGtesting.com
Printed in the USA
LVOW091921080513

332854LV00002B/86/A

9 781403 313676